KB247984

주니어 10
대학

글쓴이 | **이정모**

연세대학교와 같은 학교 대학원에서 생화학을 공부했다. 대학에서 강의를 하다가
독일 본 대학교 화학과로 유학하여 곤충과 식물의 대화에 관한 연구를 했으나 박사는 아니다.
안양대학교 교양학부 교수로 재직하면서 '과학사', '과학과 종교의 대화', '과학, 기술, 사회',
'글쓰기' 등을 강의하였고, 서대문자연사박물관과 서울시립과학관 관장으로 일했으며,
현재는 국립과천과학관 관장으로 일하고 있다.
저서로는 『달력과 권력』, 『해리포터 사이언스』(공저), 『공생 멸종 진화』,
『저도 과학은 어렵습니다만 1,2』, 『250만 분의 1』, 『과학책은 처음입니다만』 등이 있고,
『인간, 우리는 누구인가?』 『마법의 용광로』, 『매드 사이언스 북』 같은 책을 우리말로 옮겼다.

그린이 | **홍승우**

가족 만화 「비빔툰」 시리즈를 그린 만화가이다.
오늘의 우리 만화상, 부천 만화상 어린이 만화상을 받았으며
지금은 어린이 만화와 다양한 카툰 일러스트를 그리고 있다.

주니어 **10** 대학 유전자에 특허를 내겠다고? | **생명 과학**

1판 1쇄 펴냄 · 2014년 8월 27일   1판 5쇄 펴냄 · 2020년 7월 15일

지은이   이정모
그린이   홍승우
펴낸이   박상희
편집주간   박지은
기획 · 편집   이해선
펴낸곳   (주)비룡소
출판등록   1994.3.17. (제16-849호)
주소   06027 서울시 강남구 도산대로1길 62 강남출판문화센터 4층
전화   영업 02)515-2000 팩스 02)515-2007 편집 02)3443-4318,9
홈페이지   www.bir.co.kr
디자인   오진경
제품명 어린이용 반양장 도서 제조자명 (주)비룡소 제조국명 대한민국 사용연령 3세 이상

ⓒ 이정모 2014. Printed in Seoul, Korea.

ISBN 978-89-491-5360-5 44470 · 978-89-491-5350-6 (세트)

이 도서의 국립중앙도서관 출판예정도서목록(CIP)은 서지정보유통지원시스템 홈페이지(http://seoji.nl.go.kr)와
국가자료공동목록시스템(http://www.nl.go.kr/kolisnet)에서 이용하실 수 있습니다.(CIP제어번호: CIP2014022702)

유전자에 특허를 내겠다고?

생명과학

이정모 글 홍승우 그림

비룡소

나는 12층에 살아. 우리 아파트 9층에는 공부 잘하는 고등학교 여학생이 살았는데, 이 친구는 엘리베이터에서 만날 때마다 나를 부러워했지. 왜냐고? 내가 대학에서 '생화학'을 공부했다는 애기를 어디서 들었거든. 이 친구는 생물학과나 생화학과에 들어가는 게 꿈이었어. 내가 같은 동네에 사는 여학생의 꿈을 살았다니……. 근사하지?

나는 1983년에 대학에 들어갔어. 이 책을 읽고 있는 너희가 아직 태어나지도 않았을 때지. 당시에는 생물학과가 아주 인기였어. 그때 생물학의 인기가 막 오르기 시작한 이유는 요즘은 잘 쓰지도 않는 '유전 공학'이란 말이 뉴스에 자주 오르내렸기 때문이야.

사람들이 '유전자'나 'DNA'라는 존재를 처음으로 알게 된 지 얼마 되지 않아서 유전 공학에 대한 기대가 컸어. 머잖아 유전자를 조작하여 만든 새로운 생명체들이 등장해서 식량 문제와 에너지 문제가 해결되고 질병에 대한 걱정도 깨끗이 사라질 것처럼 이야기하곤 했지.

그래서인지 생물학과에 가든 생화학과에 가든 아니면 농화학과나 농생물학과, 곤충 병리학과에 가든지 비슷한 것을 배웠어. 모두 유전자와 단백질에 관한 것만 배우고 연구하려고 한 거야. 물론 그 덕분에 많은 성과가 있었던 것은 사실이야. 하지만 기대에는 못 미쳤지. 아직도 생명에 대해서는 우리가 모르는 것이 많다는 것을 알게 되었다는 게 아마 가장 큰 성과일 거야.

이쯤 되면 생물학이나 생화학에 대한 인기가 조금 시들 것 같기도 한데, 인기는 여전해. 대학 입학 성적이 가장 높은 학과에 속하지. 왜 그런 줄 알아? 생물학이나 생화학을 공부하면 의학 전문 대학원에 들어갈 때 유리하거든. 우리 아파트 9층에 살던 그 여학생도 마찬가지였어. 그 친구의 꿈은 의사가 되는 것이었지. 의사가 되기 위해 생물학이나 생화학을 먼저 배우고 싶었던 거야.

과학에는 여러 분야가 있어. 천문학, 지질학, 물리학, 화학, 생물학처럼 말이야. 이 가운데 가장 오래된 과학은 물론 생물학일 거야. 사람이 바로 생물이니까. 누구나 자신에 대한 관심이 가장 많은 법이잖아. 생물학이 체계적으로 정리된 지는 2,000년도 넘어. 그런데 최근 100년 동안의 생물학은 지난 2,000년 동안의 생물학과는 전혀 달랐어. 그전에는 동물과 식물의 생김새와 생활에 대해 주로 연구했다면, 요즘은 눈에 보이지 않는 화학 물질과 화학 반응에 대해 연구하지. 막 공부하다 보면 지금 생물학을 하고 있는지 화학을 하고 있는지 헷갈릴 정도야.

그런데 요즘 생물학의 방향이 다시 바뀌고 있어. 전통적인 생물학에 대한 관심이 커지고 있거든. 분류학과 진화학이 중요해지고 있지. 분류학이란 동물, 식물, 미생물의 친척 관계를 따지는 학문이야. 이게 왜 중요하냐고? 생물들의 친척 관계에 대한 지식이 바로 '종의 다양성'을 보존하는 노력의 밑거름이 되기 때문이지. 인류가 살아남으려면 건강한 생태계가 유지되어야 하는데 생태계에 있는 생물의 종류가 다양할수록, 먹이 사슬 구조가 복잡할수록 건강한 생태계거든. 또 인류의 미래를 대비하려면 인류가 어떻게 살아왔는지 역사를 알아야 하잖아? 생명의 역사는 바로 진화야.

이제 너희에게는 다양한 분야의 생물학이 열려 있어. 하고 싶은 것을 고르면 돼. 참, 아까 말한 고등학교 여학생은 '바이오 및 뇌공학과'에 진학해서 지금은 뇌와 로봇을 연구하고 있어.

자, 이제 생물학의 세계로 여행을 떠나 볼까!

 주니어 대학

1부

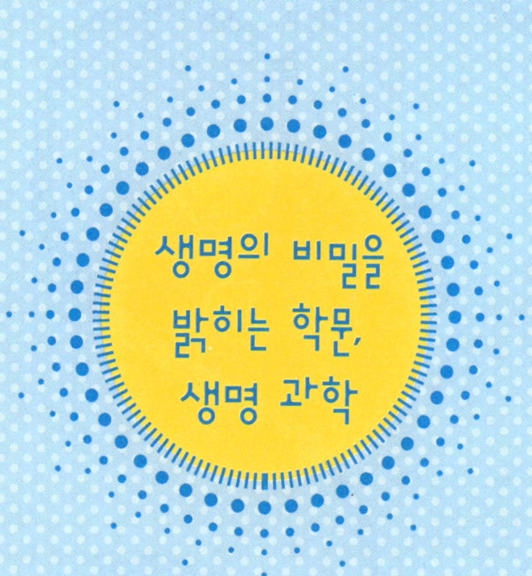

생명의 비밀을
밝히는 학문,
생명 과학

살아 있다는 증거를 찾아라!

생명은

정리가
되어 있어

생명이란 무엇일까? 과학자들이나 철학자들은 아주 어렵게 설명하지. 하지만 말이야, 생명이 무엇인지는 아주 간단하게 설명할 수 있어. 살아 있으면 생명이고, 살아 있지 않으면 생명이 아닌 거야. 이 책을 읽는 너는 생명이야. 물론 이 책을 쓴 나도 생명이지. 하지만 이 책은 생명이 아니야. 책상도 생명이 아니고, 손에 든 볼펜이나 책을 비추는 램프도 생명이 아니지. 왜냐하면 이 물건들은 살아 있는 게 아니거든.

생명은 살아 있는 것이라고 설명하면 참 쉬워. 그런데 살아 있는 것이 뭐냐고 묻는다면 어떨까? 괜히 어려워 보이지? 아니, 괜찮아. "너는 살아 있어? 살아 있다는 증거를 대 봐!" 이 요구에 대답할 수 있는 증거를 하나씩 내놓으면 되니까. 이제 우리가 살아 있다는 증거를 하나씩 대 볼까?

흙길을 걷는다고 생각해 봐. 폭신폭신한 흙으로 덮인 길도 있지만, 어떤 길은 돌멩이 때문에 울퉁불퉁해. 길에 박힌 돌멩이는 아무런 규칙도 없어. 그저 어쩌다가 그 모양이 된 거지. 길바닥의 모습은 모두 제각각이야. 또 거기에 박힌 돌멩이에서도 어떤 규칙을 찾을 수가 없어. 이런 것은 생명이 아닐 것 같지? 맞아! 생명이 아니야.

네 모습을 생각해 봐. 제일 위에 머리가 있고, 그 아래 몸통이 있고, 몸통 아래에는 다리가 있지. 우리는 한 번도 본 적이 없는 사람의 얼굴에 있는 눈, 코, 입, 귀의 숫자나 위치도 알 수 있어. 나무도 마찬가지야. 여태까지 이름조차 들어 본 적이 없는 나무의 그림을 그린다고 해도 우리는 가지와 줄기 그리고 뿌리의 위치를 제대로 그릴 수 있어. 이파리나 꽃 모양은 조금 다를 수 있지만 말이야. 이것들도 넓게 보면 그리 다르지는 않아. 이렇게 일정한 규칙에 따라 정리된 모습을 갖추고 있으면 생명일 가능성이 커.

생명이 정리된 것처럼 보이는 까닭은 아주 체계적으로 구성되어 있기 때문이야. 주소를 붙일 수 있을 정도지. 내가 사는 곳과 내 위장 벽에 있는 세포를 비교해 볼게.

대한민국 - 경기(도) - 고양(시) - 일산동(구) - 중산(로)

이정모 - 소화(기관계) - 위장(기관) - 위벽(조직) - 위벽(세포)

우리나라에는 경기도, 충청남도, 전라북도 같은 도가 여러 개 있잖아. 그리고 도에는 여러 도시가 있고, 각 도시에는 더 작은 구와 도로가 있어. 사람의 몸에도 소화 기관계, 순환 기관계, 운동 기관계 같은 여러 기관계가 있고, 각 기관계는 다시 여러 기관으로 구성되어 있어. 기관은 또 조직으로 구성되고, 조직은 세포로 구성되었지. 생명에는 이런 식으로 형체를 이루는 체계가 있기 때문에 모습이 정리된 것처럼 보이는 거야.

그렇다고 해서 모습이 정리되어 있으면 생명, 그렇지 않으면 생명이 아니라고 단정적으로 말할 수는 없어. 왜냐하면 우리는 아직 본 적 없는 새로운 자동차 모델도 대충 그릴 수가 있잖아. 건물도 마찬가지고, 산과 계곡도 그렇고. 모두 체계적인 구조로 되어 있기 때문이지. 그러니까 체계적으로 조직되었다고 해서 반드시 생명은 아니야.

다시 말해서 생명은 체계적으로 정리되어 있지만, 체계적으로 정리되어 있다고 해서 모두 생명은 아니야. "이것이 생명이다, 이것은 살아 있다."라고 말하려면 체계적인 구조 말고도 다른 특징이 더 필요해.

생명은

먹고
싸

돌멩이로 담을 쌓는 데 돌멩이가 좀 모자라. 그러면 어떻게 해야 하지? 보통은 돌멩이를 더 구해 오려고 할 거야. 그런데 주변에서 더 이상 돌멩이를 구할 수 없어. 이때 누군가가 기가 막히게 좋은 아이디어를 내놨어. "돌멩이에게 물을 주자. 그러면 돌멩이가 무럭무럭 자라서 담벼락의 빈틈을 채워 줄 테니까." 헐! 설마 이렇게 생각하는 친구들은 없겠지? 맞아. 돌멩이에게 물을 백날 줘 봐야 절대로 자라지 않거든. 돌멩이는 생명이 아니니까. 돌멩이는 아무것도 먹지 않고 또 아무것도 싸지 않아.

하지만 강아지는 어때? 먹이와 물을 먹으면서 무럭무럭 자라

쩝.
쩝.
뿌직
뿌직 뿍
부럽다...
휘잉

지. 그리고 똥과 오줌을 싸. 먹었으면 반드시 싸게 돼 있어. 이런 것을 물질대사라고 해. 물질이 뭔지 모르는 친구들은 없을 테지만, 대사는 설명하기가 쉽지 않네. 여기서 대사는 주미 대사, 홍보 대사라고 할 때 쓰는 그 대사(大使)가 아니고 대사(代謝)야. 대사는 간단히 말하면 '바꿔치기'라는 말이야. 생명이 몸 밖으로부터 섭취한 물질을 몸 안에서 분해해서 나온 것으로 몸에 필요한 물질과 에너지를 만들고, 이 과정에서 생긴 쓰레기 물질을 몸 밖으로 내보내는 모든 활동을 말해. 그러니까 우리가 먹은 음식과 들이쉰 산소를 가지고 우리 몸에 필요한 온갖 물질과 에너지를 만들고 필요 없는 것은 똥과 오줌, 땀 그리고 숨으로 내쉬는 이산화탄소 같은 것으로 내보낸다는 뜻이지.

동물만 그러는 게 아니야. 식물도 마찬가지야. 식물은 뿌리를 통해서 물을 빨아들이고 이파리 아랫면으로는 이산화탄소를 흡수하고 이파리 윗면으로 햇빛을 받아들여. 식물의 몸으로 들어간 햇빛은 물과 이산화탄소로 식물이 자라는 데 필요한 녹말을 만들지. 그리고 식물은 산소를 똥처럼 배출해. 이게 바로 광합성이야.

그러면 '먹고 싸면 모두 생명'이라고 정리할 수 있을까? 그럴 수 있으면 참 간단할 텐데 그렇지가 않아. 자동차를 다시 예로 들어 볼게. 주유소에서 자동차에 가솔린을 넣잖아. 엔진 안에

     주니어 대학

서 가솔린과 산소가 범벅이 되면서 폭발이 일어나. 이때 발생한 에너지로 자동차가 움직이지. 그리고 찌꺼기로 생긴 이산화탄소와 물이 자동차 뒤에 있는 배기 파이프로 배출돼. 가솔린과 산소는 자동차가 먹는 밥이고, 이산화탄소와 물은 자동차가 배출하는 똥이라고 할 수 있어.

모든 생명은 먹고 싸. 하지만 먹고 싼다고 해서 모두가 생명은 아니야. "이것이 살아 있는 거야."라고 말하려면 또 다른 증거가 필요하겠지?

생명은

일정한 상태를
유지해

추운 북극 지방에 있던 돌멩이를 적도의 사막에 가져다 놓으면 어떻게 될까? 차갑던 돌이 뜨거워져. 하지만 사람은 어때? 추운 알래스카 주에서 살든지, 더운 적도 지방에서 살든지 상관없이 사람은 항상 36.5도로 일정한 체온을 유지하잖아. 이걸 '항상성'이라고 해.

항상성은 생명체가 자신의 상태를 제일 좋은 상태로 유지하려는 특성이야. 돌멩이는 자기가 지켜야 할 상태가 없어. 살아 있는 생명체가 아니니까. 사람의 경우에는 만약 더워서 체온이 올라간다면, 우리 몸은 땀을 흘리게 해서 체온을 떨어뜨리지. 또 뼈에 칼슘이 너무 많으면 뼈에서 칼슘이 빠져나가. 반대로 뼈에 칼슘이 부족하면 음식을 통해 흡수한 칼슘을 뼈에 공급해서 칼슘량을 일정하게 유지시키지.

항상성이 깨지면 생명은 유지되지 못해. 즉 죽는 거지. 독감에 걸리면 체온이 마구 오르잖아. 이때 우리 몸은 여러 가지 장치를 이용해서 체온을 정상으로 되돌려 봐. 그런데 만약 체온이 계속 오르는 것을 막지 못하면 죽고 말지. 항상성을 유지하면 생명이 이어지지만, 항상성을 잃으면 생명도 잃는 거야.

지구의 돌멩이를 달에 가져다 놓아도 그 상태로 계속 있을 수가 있어. 돌멩이는 그대로 돌멩이야. 하지만 사람이 달에 착륙해서 맨몸으로 달 표면으로 나가면 어떻게 될까? 금방 죽어. 또 사람은 깊은 바다에서도 살 수 없어. 소금기가 아주 진한 호수에서도 생명을 유지하지 못해. 왜냐하면 이런 곳은 사람이 견딜 수 있는 상태가 아니거든. 생명이 견딜 수 있는 온도와 기압, 산소 농도, 수소 이온 농도 같은 것이 정해져 있어. 이런 곳에서만 생명은 자신의 상태를 일정하게 유지할 수 있지. 생명은 아무 곳에서나 항상성을 갖는 게 아냐. 그래서 생명마다 살 수 있는 곳과 살 수 없는 곳이 정해져 있지.

추운 환경에 노출되면 건강한 사람이라도 저체온증에 빠질 수 있다. 특히 옷을 충분히 입지 않고 비에 젖거나 바람을 맞으면 위험하다. 물에 완전히 빠졌다면 더욱 체온을 쉽게 잃게 되는데, 체온이 32도 이하면 혼수상태에 빠지게 되고 사망에 이를 수 있다.

음, 그렇다면 항상성이 있으면 생명이라고 할 수 있을까? 그렇지 않아. 에어컨이나 난방기를 생각해 봐. 둘 다 자동 온도 조절기가 있잖아. 우리가 원하는 온도를 설정해 놓으면, 에어컨과 난방기는 저절로 켜졌다 꺼졌다 하면서 온도를 일정하게 유지하지만 생명은 아니야.

생명은 항상성이 있지만, 항상성이 있다고 해서 모두 생명은 아니야. 또 다른 증거가 필요해.

생명은

스스로 움직이고
반응해

돌멩이는 누가 옮겨 놓지 않으면 천 년이고 만 년이고 그 자리에 가만히 있어. 스스로 움직이지 않고 바람이나 물 또는 다른 생명체의 움직임에 따라 움직일 뿐이야. 돌멩이는 주변이 춥다고 움츠리거나 시끄럽다고 짜증을 내지도 않아. 아무 소리도 듣지 못하고 아무것도 보지 못하고 아무 맛도 느끼지 못하지. 또 주변의 흙이 보드라운지 거친지도 몰라. 아무런 감각이 없거든. 이건 자동차도 마찬가지야. 자동차는 사람보다도 빠르게 움직이지만 절대로 혼자서 움직이지는 못해. 어디로 가야 할지도 모르지. 자동차의 움직임은 사람이 결정하는 거야. 무생물은 스스로 움직이거나 반응하지 않아.

반대로 생명은 스스로 움직이고 외부의 자극에 반응하지. 우리는 소리를 듣고, 빛을 보고, 냄새를 맡고, 맛을 보고, 촉감을 느끼잖아. 뜨거운 그릇을 만지면 "앗, 뜨거워!" 하면서 손을 놓지. 고약한 냄새가 나면 코를 막고, 시끄러운 소리가 나면 짜증을 내. 왜냐하면 우리는 살아 있는 생명체거든.

그렇다면 식물은 어떨까? 식물도 마찬가지야. 식물도 빛을 향해서 움직여. 그리고 소리와 냄새, 온도 같은 것에 반응해. 식물도 생명이니까.

와! 드디어 생명과 생명이 아닌 것을 가르는 확실한 기준을 찾은 걸까? 미안하지만 아니야. 물에 기름을 한 방울 떨어뜨리고 휘휘 저어 섞은 다음 가만히 놔두면 어떻게 되지? 기름방울이 물 위로 뜨면서 자기네끼리 뭉쳐. 바람이 분 것도 아니고 물이 흐른 것도 아니고 사람이 그렇게 만든 것도 아닌데 스스로 움직이는 거야. 바람도 마찬가지잖아. 누가 시키지 않았지만 기압의 차이에 반응해서 스스로 움직이지.

음, 생명은 스스로 움직이고 주변의 자극에 대해 반응하지만, 그런 모습을 보인다고 해서 모두 생명은 아니야. 역시 새로운 증거가 더 필요해.

 주니어 대학

생명은

자라고 자기를
복제해

마당에 있던 돌멩이가 시간이 갈수록 점점 커지는 것 봤어? 반대의 경우는 많지만 커지는 일은 없어. 하지만 모든 생명은 다 자라나. 처음에는 작았다가 점차 커지며 성장하지. 물론 고드름처럼 점점 자라는 것도 있으니까, 자란다고 해서 모두 생명은 아냐. 그런데 마당에 있던 돌멩이가 자고 일어났더니 두 개가 된다든지, 고드름이 갑자기 새끼를 친다든지 하는 일은 일어나지 않아. 반면에 모든 생명은 부모를 닮은 새끼를 낳지. 물고기가 알을 낳고 개가 새끼를 낳고 엄마가 아기를 낳는 것을 '생식'이라고 해. 자기를 똑같이 복제해 내는 생명체가 있는가 하면, 똑같지는 않지만 자기와 닮은 후손을 남기는

로봇 씨앗을 심었더니 로봇 식물로 자라 열매를 맺었다! 저건…과연 생명일까?
역지 생명?
자가 수분 공급!
바아아
위잉

생명체도 있어. 똑같거나 비슷한 후손을 남길 수 있는 까닭은
바로 생명에는 '설계도'가 있기 때문이야.

같은 설계도로 집을 여러 채 짓는 경우도 복제라고 할 수 있
겠지만, 집끼리 결혼해서 새끼 집이 생기는 일은 없어. 생식은
인간을 비롯한 생명이 하는 활동일 뿐이야.

그러니까 자기 복제 또는 생식은 생명에 대한 아주 강력한 증
거라고 할 수 있을 것 같네. 그런데 앞으로도 그럴 수 있을까?
미래에는 스스로 자기를 복제하는 로봇이 나올 텐데? 성장과
자기 복제는 현재까지는 생명의 강력한 증거지만 이 증거의 효
력은 그리 오래갈 것 같지 않아. 따라서 뭔가 더 확실한 증거가
필요해.

어떤 것이 생명이라는, 즉 살아 있다는 사실을 증명하려면
여러 가지 증거가 필요해. 첫째로 체계적이어야 하고, 둘째로 물
질대사를 해야 하고, 셋째로 항상성을 유지하고, 넷째로 운동하
고 반응해야 하고, 다섯째로 성장하고 번식해야 해. 이 가운데
하나라도 빠지면 생명이 아니야. 이 다섯 가지 특징을 다 갖추
면 생명이라고 볼 수 있어. 단, 지금까지만. 앞으로 자기 복제를
하는 로봇이 등장한다면 새로운 증거가 더 필요하겠지. 우리가
로봇을 생명이라고 생각하지는 않잖아. 로봇은 절대로 따라할
수 없는 더 강력한 증거는 무엇일까?

사막 여우는 왜 귀가 커졌을까?

내 귀가 왜 커졌~게?
나는 왜 배가 나왔을까?
그것도 자연 선택 …

닮았지만

똑같지는
않아

돌멩이는 처음부터 돌멩이였어. 그 모양과 성분은 오랜 시간 동안 조금씩 변했지만 근본은 변하지 않았지. 예전에도 돌멩이였고, 지금도 돌멩이이고, 앞으로도 돌멩이일 거야. 암석이 자갈로 쪼개지고 자갈이 모래가 되고 모래가 고운 흙이 되는 변화는 그냥 크기가 달라진 것뿐이야. 그리고 자기 스스로 변한 것도 아니지. 뜨거운 적도 지방의 돌멩이를 추운 남극에 가져다 놔도 그냥 같은 돌멩이야. 환경이 변해도 변하지 않아. 코끼리가 밟고 지나간 아프리카의 모래를 도요새가 겨울을 나는 서해안 갯벌에 가져다 놔도 그냥 모래야. 모래는 주변에 어떤 생물이 살든지 상관없이 그대로 있어.

하지만 생명은 달라. 생명은 그 어떤 것도 똑같은 게 없어. 시간이 지날수록 생명은 조금씩 달라지는데, 시간이 많이 흘러서 변화가 쌓이다 보면 전혀 다른 생명이 되어 있지. 생명이 변하는 것을 진화라고 해. 진화하면 생명이고 진화하지 않으면 생명이 아냐. 이것보다 더 확실한 생명의 증거는 없어. 그런데 진화는 어떻게 일어날까?

집에서 혹시 개를 키워? 너희 집에서 개를 키우지 않아도 주변에 개를 키우는 친구가 있을 거야. 그 집 개가 새끼를 다섯 마리 낳았다고 해 봐. 그러니까 다섯 쌍둥이인 셈이지. 그런데 강아지들이 모두 다 똑같아? 그렇지 않지. 생긴 것도 다르지만 조금 지나면 성격이나 행동의 차이도 드러나. 어떤 새끼는 빠르고, 어떤 새끼는 애교를 부리며, 또 어떤 새끼는 몸집이 더 크지. 강아지만 그런 게 아냐. 같은 둥지에서 알을 깬 새들도 그래. 조금씩 다 달라. 모든 동물의 새끼는 어미하고도 다르고 형제하고도 조금씩 달라. 이렇게 차이가 생기는 것을 '변이'라고 해.

앨범에서 가족사진을 찾아봐. 너는 아빠도 닮고 엄마도 닮았어. 할아버지와 할머니하고도 닮았지. 물론 외할아버지와 외할머니하고도 닮았어. 하지만 똑같지는 않아. 왜냐하면 너의 모습에 아빠, 엄마의 모습이 섞여 있고, 아빠의 모습에는 할아버지와 할머니의 모습이 섞여 있고, 또 엄마의 모습에는 외할아버지와 외할머니의 모습이 섞여 있으니까.

왜 이렇게 다르냐고? 그것은 너의 '설계도'인 유전자가 섞여 있기 때문이야. 유전자가 뭔지는 1부 4장에서 다룰 테니까, 궁금해도 잠깐만 참아. 어쨌든 유전자는 우리 몸의 성질을 담는 그 어떤 거야. 얼굴 생김새, 키, 혈액형 같은 생명의 특징들이 다 여기에 있어. 유전자는 엄마와 아빠에게서 물려받지. 그래서 우리는 아빠도 닮고 엄마도 닮는 거야.

잠깐! 강아지 형제들은 모두 같은 어미에게서 태어났는데 왜 서로 다르게 생겼을까? 그건 수컷과 암컷에게서 받은 유전자의 비율이 다르기 때문이야. 사람도 같은 부모에게서 태어난 형제자매들이 닮았으면서도 조금씩 다르잖아. 그것도 엄마와 아빠에게서 받은 유전자의 비율이 조금씩 다르기 때문이지. 이게 바로 '변이'야.

누가
살아남을지는

자연이 선택해

사막 여우는 귀가 아주 커. 귀가 크면 소리를 잘 들을 수 있을뿐더러 몸의 열을 몸 밖으로 내보내는 데 유리하지. 조상 때부터 사막 여우의 귀가 이렇게 큰 것은 아니었어. 그리고 사막에 여우가 처음부터 살았던 것도 아니지.

넓은 들판이 이어지는 숲에 여우들이 살았어. 오랜 세월이 지나는 사이에 들판은 조금씩 줄어들고 사막이 늘어났어. 먹을 것이 줄어드니까 여우들은 다른 곳을 찾아 떠났지. 여우들이 모두 떠나지는 않았어. 다른 여우들이 떠나고 나니까 들판이 줄기는 했어도 먹이를 두고 다툴 여우의 수도 줄었어. 그래서 낯선 곳으로 모험을 떠나기보다는 그냥 살던 곳에 사는 게 더 낫겠다고 생각한 여우들이 있었지. 그러는 사이에 들판은 더 좁아지고 들판과 들판 사이의 사막은 더 넓어졌어. 더 이상 들판을 떠나 다른 곳으로 옮겨 갈 수도 없게 되었어. 사막이 너무 넓어서 건널 수가 없게 되었거든. 이제는 정말 먹이를 구하기가 힘들어졌어.

먹이도 먹이지만 더위에 견디는 것도 보통 일이 아니었지. 우리는 더우면 땀을 흘려서 체온을 유지하지만 여우는 땀구멍이 없거든. 너도 더우면 기운이 빠져서 아무것도 못하겠지? 여우도 마찬가지야. 체온이 올라가면 기운이 빠지고 정신도 정상이 아니라서 사냥에 나설 수가 없어. 사냥을 하지 못하면 굶을 수밖에 없지. 굶주린 여우는 새끼를 많이 낳지 못해. 또 겨우 태어난 새끼도 충분히 먹지 못해서 살아남기 힘들어.

그런데 앞에서 새끼들 사이에는 변이가 있다고 했지? 여우의 귀에도 변이가 일어난 거야. 어떤 놈은 귀가 크고 어떤 놈은 귀가 작았어. 귀가 큰 여우는 체온을 식히는 데 유리했어. 체온을 적당하게 유지할 수 있다 보니 귀가 작은 여우보다 사냥하는 데 유리했고, 새끼를 잘 먹일 수 있었지. 그러다 보니 점차 귀가 작은 여우는 줄어들고 귀가 큰 여우는 늘어났어. 귀가 크면 클수록 열을 내보내기에 좋아서 귀가 큰 여우의 새끼 수도 늘어났지. 세월이 흐르자 사막에는 결국 귀가 큰 여우들만 살아

남게 됐어. 지금 살아 있는 사막 여우는 모두 귀가 아주 커. 이런 예는 얼마든지 있어. 북극에 사는 곰은 털이 하얘. 눈이 많은 환경에서는 흰색 곰이 숨어서 사냥하기 유리했기 때문에 북극에는 흰 곰만 남게 된 거야.

그렇다고 해서 여우들이 "아하, 귀가 크면 유리하구나! 그러니까 귀가 큰 자식을 낳아야지!"라고 생각하고서 귀가 큰 새끼를 낳은 게 아니야. 또 북극곰들도 "여기는 눈이 많으니까 털이 하얀 게 좋아. 우리는 흰색 곰을 낳아야지!"라고 마음먹고 흰 곰을 낳은 게 아니지. 엄마랑 아빠가 "아하, 우리는 키가 큰 자식을 낳아야지!"라고 생각한다고 해서 키가 큰 아기가 태어나지는 않는 거랑 같아.

여우의 생각과 상관없이 귀가 큰 새끼와 귀가 작은 새끼가 태어났어. 그런데 사막이라는 환경 때문에 귀가 큰 여우가 생존하기에 유리했던 것이지. 곰의 생각과 상관없이 흰 곰과 붉은 곰이 태어났는데 북극이라는 환경에서는 흰 곰이 생존하기에 유리했던 것이고.

그러니까 어떤 변이가 생존에 유리한가, 즉 어떤 새끼가 살아

주니어 대학

우리는 선택
받은 존재들!
돌연변이
아니고?
나도
하얀색인데
나의 원래
고향도
북극인가?

남는가를 결정하는 것은 바로 자연이야. 이걸 자연 선택이라고
해. 자연 선택이라는 이론을 만든 사람은 영국의 지질학자이자
생물학자인 찰스 다윈이야. 아주 중요한 사람이라서 2부 1장에
서 자세하게 이야기해 줄 거야.

주니어 대학

작은 차이가
자꾸 쌓였더니

다른 생명체가 되었어

올챙이 1,000마리가 자라서 개구리가 되었어. 500마리는 빠른데 500마리는 느렸지. 아까 앞에서 말한 '변이' 때문에 나타난 차이야. 그런데 개구리가 사는 웅덩이에 뱀이 자주 나타나서 개구리를 잡아먹었어. 네가 뱀이면 어떤 개구리를 잡아먹겠어? 빠른 개구리 아니면 느린 개구리? 뱀은 느린 개구리를 많이 잡아먹어. 그게 편하니까. 결국 빠른 개구리는 많이 살아남았고 느린 개구리는 많이 잡아먹혔어. 이게 바로 앞에서 말한 자연 선택이지.

겨울이 오자 개구리와 뱀은 모두 겨울잠을 잤고 다시 봄이 왔어. 웅덩이에서는 또 올챙이가 자라서 1,000마리의 개구리가

어떻게 하면
아저씨 처럼
롱다리가 될 수
있쬬?
변하고
선택받고
전달하면
돼!
뭔 소리여
...?

되었지. 이번에도 빠른 개구리 500마리와 느린 개구리 500마리가 태어났을까? 아니야, 느린 개구리들은 많이 잡아먹혔기 때문에 살아남은 게 얼마 안 돼. 그러니 느린 개구리에게서 태어난 새끼도 적을 거야. 이번에는 빠른 개구리 700마리와 느린 개구리 300마리가 태어났어. 그리고 이번에도 느린 개구리가 더 많이 뱀에게 잡아먹혔지.

몇 년이 더 흐르자 이 웅덩이에는 빠른 개구리만 남았어. 이 개구리는 조상 개구리와는 생김새가 달랐어. 뒷다리 근육이 아주 튼튼해서 폴짝폴짝 잘 도망 다녔지. 조상 개구리와는 다른 개구리가 된 거야. 뒷다리 근육에 생긴 변이가 뱀이라는 환경에 잘 적응하고 후손에게 계속 전해져 결국 조상과는 다른 새로운 개구리가 된 거지.

진화는 이렇게 '변이 → 자연 선택 → 유전'이라는 단계를 거쳐서 일어나. 지금 살아 있는 모든 생명들, 그러니까 달팽이나 지렁이나 개구리와 사람은 모두 변이가 일어나서, 자연이 어떤 변이를 선택하고 그 변이가 유전된 결과로 생겨난 셈이지. 변이가 자연 선택되어 유전되는 것이 진화야. 모든 생명체는 진화했고, 진화하지 않았다면 그것은 생명이 아니야.

선배님!

생명의 에너지는 어떻게 만들어질까?

쪼개고 쪼개서

작게
만들어야 해

자동차가 움직이려면 뭐가 필요할까? 우선 가솔린이 있어야 해. 주유소에서 넣는 기름 말이야. 그런데 자동차는 가솔린으로 움직이는 게 아니야. 가솔린이 탈 때 생기는 에너지로 움직이는 거지. 가솔린을 태우려면 뭐가 있어야 하지? 그래, 바로 산소야. 뭐든지 타려면 산소가 있어야 해. 그러니까 자동차가 움직이려면 가솔린을 채운 다음에 산소를 공급해서 가솔린을 태우고, 이때 나온 에너지로 바퀴를 굴려야 하지.

사람의 몸도 똑같아. 우리가 살아가려면 반드시 음식을 먹어야 하잖아. 중국식이든 서양식이든 한식이든 상관없어. 음식을 먹어야 해. 음식 안에는 영양분이 들어 있거든. 또 숨을 쉬어야 하지. 그래야 영양분을 산소로 태워 에너지를 만들 수 있으니까. 이때 나온 에너지로 우리는 움직이고 생각하고 또 후손을 남길 수 있는 거야.

우리는 왜 음식을 씹어 먹을까? 그냥 삼켜도 되잖아. 바쁜데 굳이 시간을 들여 씹어 먹는 이유가 뭘까? 간단해. 그냥 삼키면 먹어 봐야 아무 소용이 없기 때문이야. 큰 음식 덩어리 상태로는 우리 몸의 세포에 영양분을 전달할 수 없거든.

우리가 먹은 음식이 어떻게 이동하는지 생각해 보자. 먼저 입에 들어온 음식은 입안에서 아래로 이어져 있는 식도를 지나가. 식도(食道)는 '밥의 길'이란 뜻이야. 음식이 그냥 쑥 지나가. 식도 아래에는 위장이 있어. 커다란 밥통이지. 위장 다음에는 작은창자인 소장이 있어. 가는 창자가 구불구불 길기도 해. 소장 다음에는 큰창자인 대장이 있어. 소장에 비해서 짧지만 굵어. 그다음에는 직장이 있고, 직장 끝은 항문이야.

똥을 보고서는 뭘 먹었는지 알 수 없어. 삼겹살을 먹었든 야채샐러드를 먹었든 똥 모양은 똑같아. 물론 소화가 잘되지 않았으면 똥을 보고 뭘 먹었는지 알 수 있지. 그렇지? 콩나물이나 미역이 그대로 나오는 경우도 있잖아. 바로 이거야. "소화가 잘되지 않으면 똥을 보고 뭘 먹었는지 알 수 있어." 이 말은 소화란 뭘 먹었는지 알 수 없게 만드는 과정이란 뜻이지.

으적
으적
으적
으적
아작
아작
냠
냠
흑흑
탄수화물,
단백질,
지방아,
안뇽~!

음식이 입 → 식도 → 위장 → 소장 → 대장 → 직장 → 항문을 지나는 동안에 '소화'가 이루어지는 곳은 입, 위장, 소장이야. 여기서 소화란 '음식을 잘게 쪼개는 과정'을 말해.

입에서는 치아로 음식을 잘게 썰어. 밥도 쪼개고 고기도 쪼개고 야채도 쪼개지. 이렇게 쪼개도 뭔지는 다 알아볼 수 있어. 그런데 침에는 탄수화물을 아주 잘게 쪼개는 효소가 있어. 탄수화물이 쪼개지면 몇 가지 당분으로 변해. 이 당분들은 우리 눈에는 보이지 않는 아주 작은 알갱이야.

위장은 단백질을 쪼개는 곳이야. 단백질을 쪼개는 것도 효소의 작용이야. 물론 탄수화물을 쪼개는 효소와는 다른 효소지만 말이야. 엄마는 너보고 꼭꼭 씹어 먹으라고 말씀하시지? 그게 다 이유가 있어. 꼭꼭 씹어 먹으면 음식이 잘게 썰리면서 표면적이 넓어지거든. 한 변의 길이가 4인 정육면체를 한 변의 길이가 1인 정육면체 64개로 쪼개면 표면적은 $96(4 \times 4 \times 6)$에서 $384(1 \times 1 \times 6 \times 64)$로 늘어나잖아. 그런 이치야. 음식을 쪼개서 표면적이 넓어지면 효소가 작용할 수 있는 면이 넓어지니까 소화가 잘 돼. 그래서 잘 씹어 먹어야 하는 거야. 위장에서 단백질이 쪼개지면 아미노산이 돼. 아미노산은 눈에 보이지 않는 아주 작은 알갱이야.

소장에는 지방을 쪼개는 효소들이 있어. 이 효소들은 십이지

장에서 나와. 십이지장은 위장과 소장이 이어지는 길목 옆에 붙어 있지. 그냥 그런가 보다 해. 여기서는 그게 중요한 게 아니니까. 지방이 쪼개지면 글리세롤과 지방산이란 작은 알갱이들로 변해.

우리 몸은 커다랗지만 아주 작은 세포들로 이루어져 있어. 모든 생명 작용은 작은 세포 안에서 일어나는 거야. 따라서 영양분도 세포로 전달되어야 해. 그런데 콩나물, 밥, 삼겹살이 작은 세포 안으로 들어갈 수가 있겠어? 그래서 소화를 하는 거야. 탄수화물은 당분으로, 단백질은 아미노산으로, 지방은 글리세롤과 지방산으로 소화시켜서 세포에 전달하지. 과연 어떻게 전달할까?

심장은

쉬지 않고
뛰어야 해

심장이 뭐 하는 기관인지 모르는 친구는 없을 거야. 심장은 피를 온몸으로 전달하는 엔진이라고 할 수 있지. 아주 중요한 기관이지만 별로 크지는 않아. 자기 주먹 크기 정도라고 생각하면 돼. 심장은 쉬지 않고 뛰어. 사람마다 조금씩 다르기는 하지만 70킬로그램쯤 되는 남자라면 1분에 70번 정도 심장이 뛰는 게 정상이야. 그리고 1분에 5리터씩 피를 온몸으로 보내지. 70킬로그램인 사람의 혈액은 약 6리터야. 그러니까 피는 약 70초면 우리 몸을 완전히 한 바퀴 도는 셈이지. 와! 놀랍지 않아?

심장이 멎으면 죽은 거야. 심장은 엄마 배 속에서 뛰기 시작

O₂
CO₂
심장은 뛰고!
산소 받고 이산화탄소 주고!
영양소 받고 노폐물 주고!
꼬과라라
꼬과라라라
피 도는 소리

해서 죽기 직전까지 뛰지. 심장은 왜 이리 쉬지도 않고 계속 뛰어야 할까? 우리가 살아야 하니까. 우리가 살아 있다는 것은 에너지를 사용한다는 것과 같은 말이거든. 그러니까 소화를 해서 얻은 영양소를 산소로 태워서 에너지를 얻는 동안에만 우리가 살아 있는 거야. 심장이 온몸에 보내는 혈액에는 바로 영양소와 산소, 이산화탄소 그리고 온갖 노폐물이 들어 있어. 노폐물이란 '쓰레기'라는 뜻이야.

빨간 피를 가만히 놔두면 빨간 덩어리와 연노란색의 물로 나뉘어. 빨간 덩어리를 적혈구라고 해. 적혈구는 산소나 이산화탄소와 결합하지. 그리고 연노란색의 물은 혈장이라고 하는데, 여기에는 영양소와 노폐물이 녹아 있어.

심장이 박동하면 피가 온몸을 돌잖아? 피가 소화 기관 근처를 지나면 핏속으로 영양소가 녹아들어. 그리고 허파를 지날 때에는 핏속의 적혈구에 산소가 결합하지. 이 피가 아주 가느다란 모세 혈관을 통해서 세포 가까이 가면 산소를 세포에 넘겨주고 이산화탄소를 넘겨받지. 또 영양소를 주고 노폐물을 받아. 이때 받은 이산화탄소는 숨을 내쉴 때 내보내고, 노폐물은 오줌을 통해서 몸 밖으로 내보내.

심장이 뛰면서 온몸을 도는 혈액을 통해 산소와 이산화탄소를 교환하고 또 영양소와 노폐물을 교환하는 과정을 '순환'이라

 주니어 대학

고 해. 종점이 없이 계속 돌아가는 지하철 노선을 순환선이라고 하잖아. 바로 그런 순환이야. 끊임없이 돌고 도는 거지. 혈액은 망가지기 전까지는 계속 재활용해서 사용해. 그리고 심장과 혈관을 순환 기관이라고 하지.

소화 기관에서 얻어진 영양소와 허파에서 얻은 산소를 순환 기관계를 통해 세포로 전달했어. 그러면 세포 안에서 어떤 일이 일어날까?

생활 에너지를
만드는

미토콘드리아

악어와 악어새의 이야기는 아마 들어 본 적 있을 거야. 악어새는 악어 이빨 사이에 끼어 있는 고기를 먹고 살아. 하지만 악어는 자기 입안에 들어온 악어새를 잡아먹지 않아. 왜냐하면 이빨 사이를 청소해 주는 악어새가 고맙거든. 악어와 악어새처럼 서로 도와가면서 함께 사는 것을 '공생(共生)'이라고 해.

우리 몸 속의 세포 안에서도 공생이 일어나. 세포 안에는 '미토콘드리아'라고 하는 아주 작은 주머니가 수백 개에서 수천 개나 들어 있어. 얼마나 작은지 1억 개를 모아 봐야 모래 한 알 정도 크기밖에 안 되지. 원래 미토콘드리아는 20억 년쯤 전에는 박테리아였어. 혼자 사는 미생물이었지. 그런데 어쩌다가 보니 다른 세포 안에서 살게 된 거야. 다른 세포 안에서 서로 도움을 주고받으면서 함께 사니까 공생하고 있다고 말할 수 있지.

미토콘드리아가 없었다면 사람은 물론이고 작은 벌레나 풀도 생기지 못했을 거야. 왜냐하면 생명이 사용하는 에너지를 만드는 곳이 바로 미토콘드리아거든.

소화를 해서 얻은 영양소 알갱이와 숨을 쉬어서 얻은 산소는 혈액이 순환될 때 각 세포에 전달돼. 세포를 싸고 있는 세포막에는 작은 구멍들이 있어서 영양소와 산소가 들락거릴 수 있지. 세포 안에 들어온 영양소와 산소가 찾아가는 곳이 미토콘드리아야.

미토콘드리아는 영양소를 더 작게 쪼개서 이산화탄소와 물로 만들어. 이렇게 쪼개질 때 에너지가 생기거든. 그 에너지를 ATP라고 하는데 그냥 '에이티피'라고 읽으면 돼. ATP는 사실 아주 복잡한 분자인데 이게 어떻게 생겼는지 궁금하면 나중에 생물학과, 생화학과, 아니면 의학과에 진학해서 배우면 되지.

ATP를 생활 에너지라고 부르기도 해. 적어도 맨눈으로 보이는 크기의 모든 생명체가 살기 위해 사용하는 에너지가 바로 ATP거든.

우리는 체온을 36.5도로 유지해야 하잖아. 왜 36.5도인지 궁금하지? 그 이유는 우리 몸의 효소들이 활동할 수 있는 온도가 36.5도이기 때문이야. 체온이 너무 높거나 낮으면 효소가 활동을 하지 못해. 체온을 유지하려면 몸에서 열을 내야 하는데, ATP가 열로 변하면서 열에너지를 내 줘.

전기뱀장어는 몸에서 전기를 일으키고 반딧불이는 몸에서 빛을 내잖아? 이때 나오는 전기와 빛도 ATP가 변한 거야. 우리가 소리를 지른다거나 움직일 때도 에너지가 필요하고, 입, 위장과 소장에 있는 효소들이 영양소를 소화할 때도 에너지가 필요한데, 이런 모든 활동에 사용하는 에너지가 바로 ATP야.

몸에서 필요한 에너지를 ATP라는 한 가지 형태로 만들어서 보관하는 것은 정말 편리한 방법이야. 이걸로 뭐든지 할 수 있잖아. 우리가 쌀을 사려면 보리가 필요하고, 생선을 사려면 닭이 필요하고, 배추를 사려면 무가 필요하다고 생각해 봐. 장보

기가 얼마나 힘들겠어. 아무리 닭이 많아도 쌀은 살 수 없잖아? 그런데 현실은 돈이 있으면 쌀이든 닭이든 뭐든지 살 수 있지? 생명에게는 ATP가 바로 돈인 셈이야. ATP만 있으면 그때그때 필요한 모든 에너지로 바꿀 수 있거든.

우리가 숨 쉬고 음식을 먹는 이유는 바로 이 ATP를 얻기 위한 거야. 생각해 봐. 만약에 20억 년 전에 미토콘드리아가 다른 세포와 공생을 시작하지 않았으면 어떻게 됐을까?

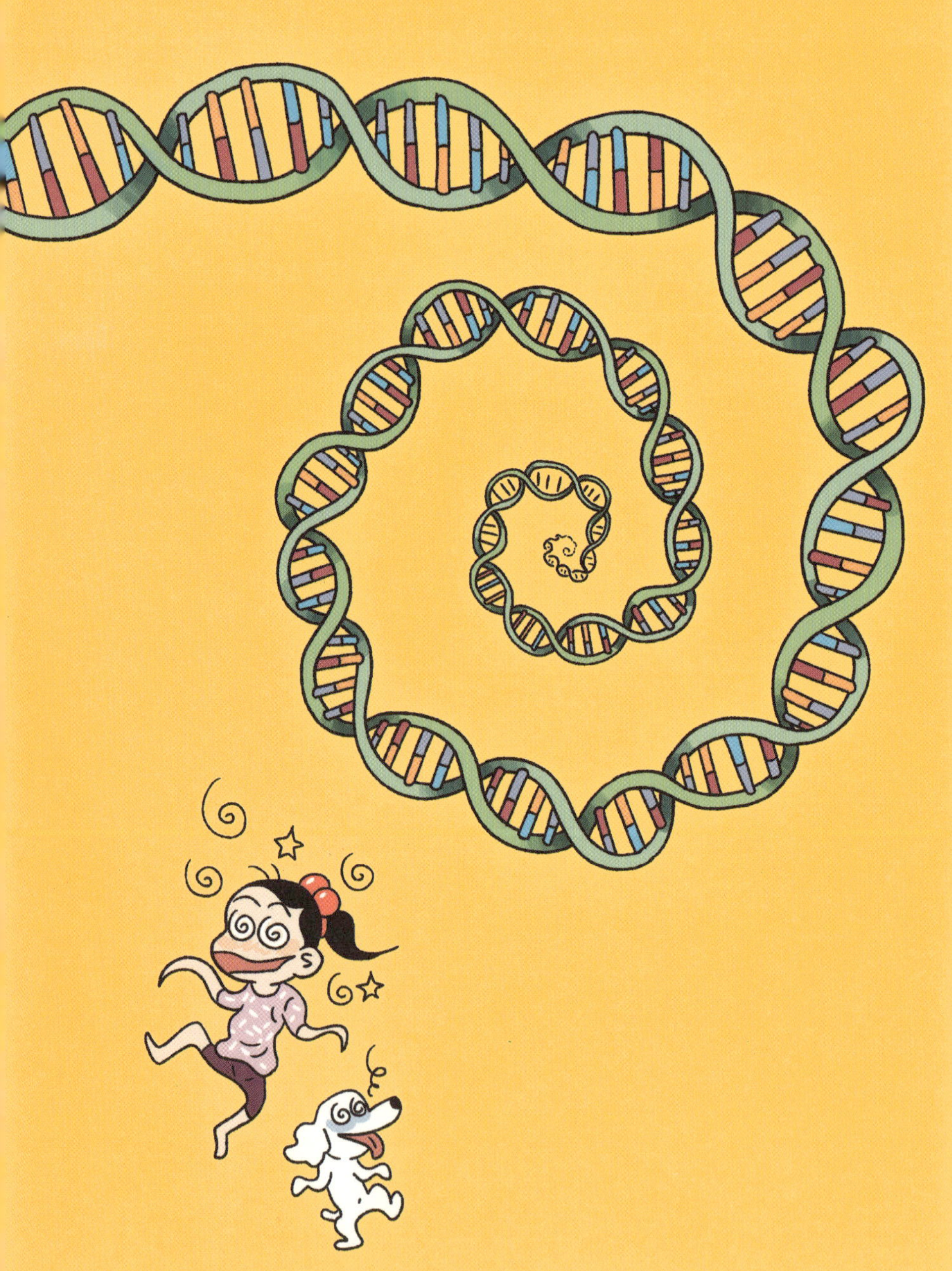

유전자 지도, DNA란 무엇일까?

설계도의
서랍장,

염색체

네가 신형 자동차를 개발했다고 해 봐. 그 설계도를 어디에 보관하겠니? 교실 책상 위에 덩그러니 놓아두지는 않을 거야. 네가 힘들여서 만든 설계도를 누가 실수로 찢어 버리거나 슬쩍 가져가면 안 되잖아. 아마 남들이 쉽게 건드릴 수 없는 곳에 놔두겠지. 그리고 문제가 또 있어. 네가 작성한 설계도를 잘 보관하기만 해서는 아무런 소용이 없지. 기술자들이 그 설계도를 보고 자동차를 만들지 않으면 말이야. 자동차는 수많은 부속으로 이루어졌어. 각 부속마다 따로 설계도가 있어야 하지. 그런데 설계도마다 그리는 방법이 다르면 그 많은 것을 익히기가 힘들잖아. 그래서 부품이 다르더라도 각각의

세포
세포핵
염색체
염색체 파마를 좀 했어. 어때?
네 머리카락이 뭐, 유전자라도 되는 줄 아니?
DNA

설계도는 같은 방법으로 그려야 해. 그리고 기술자들이 찾기 쉽게 정리해 놓아야 해. 수만 장의 설계도가 아무렇게나 쌓여 있으면 찾을 수가 없잖아. 아마 자동차를 만들기도 전에 설계도를 찾다가 지쳐 버릴 거야. 그러니까 바퀴에 관한 설계도는 첫 번째 서랍장 두 번째 칸, 또 핸들에 관한 설계도는 스물다섯 번째 서랍장 아래에서 네 번째 칸처럼 약속된 곳에 보관해야 해.

생명의 설계도도 마찬가지야. 생명의 설계도는 세포 속에서도 가장 깊숙한 곳인 핵 속에 감추어져 있어. 핵 속을 자세히 보면 엑스(X) 자 모양의 막대기가 여러 개 들어 있지. 이걸 보고 염색체라고 해. 옛날에 어떤 과학자가 세포에 염색약을 떨어뜨렸더니 어떤 한 부분만 염색이 잘되었어. 그 부분이 핵 속의 엑스 자 모양 막대기들이었지. 그래서 그 물질을 염색이 잘되는 물질이라는 뜻으로 염색체라고 부르게 된 거야.

염색체는 생명의 설계도가 들어 있는 서랍장 같은 거야. 생명체마다 염색체의 개수는 달라. 사람은 세포마다 23쌍, 그러니까 46개의 염색체가 있어. 그런데 같은 염색체가 두 개씩 있어. 그러니까 23가지의 서랍장이 두 개씩 있는 거지. 참, 남자는 조금 달라. 남자는 22가지의 서랍장이 두 개씩 있고 나머지 서랍장 두 개는 서로 달라.

언뜻 보면 염색체들은 모두 똑같이 생겼어. 하지만 같은 염색체는 언제나 한 쌍뿐이야. 조금만 주의 깊게 봐도 염색체마다 크기와 모양이 모두 다르다는 것을 알 수 있지. 과학자들은 염색체마다 번호를 붙여 놓았어. 1번 염색체, 2번 염색체, 3번 염색체…… 하고 말이야. 1번부터 22번 염색체까지를 상염색체라고 해. 마지막의 두 염색체는 성염색체라고 하고. 여자와 남자를 여성과 남성이라고도 하지? 성염색체의 '성'은 여성, 남성이라고 말할 때의 바로 그 '성'이야. 그러니까 성염색체는 남자와 여자를 정해 주는 염색체라는 뜻이지.

여자는 같은 모양의 성염색체를 두 개 갖고 있는데 이것을 엑스(X) 염색체라고 하고, 남자는 여자에게 두 개 있는 X염색체 하나와 작은 와이(Y) 염색체를 갖고 있어. Y염색체가 Y자 모양은 아니야. 그냥 알파벳 순서에서 X 다음이 Y니까 그렇게 이름을 붙였을 뿐이야.

유전자를 보관하는 서랍장인 염색체의 숫자는 생물마다 달라. 사람은 23쌍이지만 완두는 7쌍, 벼는 12쌍, 초파리는 4쌍, 돼지는 19쌍, 침팬지는 24쌍, 개는 39쌍이야.

좋고 나쁜
설계도?

아니, 다른 설계도!

승용차는 어떻게 생겼지? 바퀴가 네 개고, 앞에 유리가 있고, 핸들이 있고……. 다 비슷비슷하게 생겼지. 그런데도 우리는 차를 보면 이게 무슨 차인지 모두 구별할 수 있잖아. 이것은 현대 차, 저것은 기아 차 그리고 또 이것은 삼성 차. 왜 그렇지? 승용차들이 기본 틀은 같지만 구체적인 모양이 다르기 때문이지. 어느 승용차나 필요한 부속들의 종류는 거의 같아. 하지만 그 부속품 하나하나는 다 달라. 어느 자동차 회사나 같은 개수의 설계도 서랍장이 있지만 그 속에 들어 있는 설계도는 조금씩 다른 것이지.

사람도 마찬가지야. 누구나 눈이 두 개, 팔이 두 개, 손가락은 다섯 개씩, 그러니까 그 사람이 미국 사람이든 독일 사람이든 에스키모든 한국 사람이든 염색체의 개수는 모두 같아. 염색체의 개수가 같다고 해서 같은 생물인 것은 아니지만, 같은 생물이면 염색체의 개수가 같아야 하지. 그러니까 설계도를 보관하는 서랍장의 개수가 같다는 말이야. 하지만

그 서랍장 속에 있는 설계도는 서로 달라. 이 세상에 설계도가 같은 사람은 아무도 없어. 일란성 쌍둥이 빼고는. 1부 2장에서 '변이' 얘기했던 것 기억하지?

우리나라 사람은 머리와 눈동자가 대체로 검지만, 같은 나라 사람이라도 머리와 눈동자 색깔이 저마다 다른 경우도 있어. 왜 이런 차이가 있을까? 사람마다 설계도가 다르기 때문이야. 어떤 사람은 코가 크고 어떤 사람은 코가 작지. 또 어떤 사람은 쌍꺼풀인데 다른 사람은 외까풀이야. 색깔을 잘 구별하지 못하는 사람이 있지? 그 사람을 색맹이라고 해. 또 맛을 잘 구별하지 못하는 사람은 미맹이라고 하고. 색맹이나 미맹도 설계도가 보통 사람들과 달라서 그런 거야.

중요한 것은 설계도가 다르다는 거야. 쌍꺼풀은 더 좋은 설

주니어 대학

계도고, 외까풀은 나쁜 설계도가 아니야. 그냥 다를 뿐이지. 이
세상 사람들은 모두 설계도가 달라. 누가 더 좋은 설계도를 가
졌거나 누가 더 나쁜 설계도를 가진 것이 아니라.

생명의
설계도,

유전자

염색체의 두께는 1마이크로미터야. 1마이크로미터는 100만분의 1미터야. 눈으로는 볼 수 없지만 광학 현미경으로는 충분히 볼 수 있는 두께지. 염색체는 두 가닥의 사슬이 꼬이고 꼬여서 된 거야. 나사처럼 꼬여 있는 두 개의 사슬을 DNA(디엔에이)라고 해. DNA 사슬은 아주 길어. 하지만 그 두께는 아주 얇아. 2.3나노미터밖에 되지 않아. 1나노미터는 10억분의 1미터야. 그러니 전자 현미경을 사용해야만 볼 수 있어.

염색체는 서랍장이고 유전자는 설계도라고 했지? 그게 다음 장의 DNA 그림과 무슨 상관이 있는지 설명해 볼까?

염색체는 DNA 사슬과 단백질로 이루어져 있어. 단백질은 설계도가 아니야. 서랍장을 이루는 틀이지. 염색체를 이루는 DNA 사슬은 매우 길어. 자그마치 2미터나 되지. 이렇게 긴 DNA 사슬을 눈에도 보이지 않는 작은 세포 안에 마구 집어넣으면 서로 엉킬 것 아냐. 긴 실을 그냥 구겨 넣으면 엉키지만 실패에 감아 놓으면 엉키지 않지? 여기서 '실패'는 성공의 반대말이 아니라, '실을 감아 두는 나무쪽'을 말해. 그래서 세포는 기다란 DNA 사슬을 히스톤이라고 하는 단백질에 감아 놓았어. 엉키지 말라고.

생명의 설계도인 유전자는 바로 이 DNA 사슬 속에 있어. 긴 DNA 사슬 속에는 죽 이어진 여러 개의 설계도가 들어 있지. 각 설계도를 유전자라고 부르는 거야. 그러면 DNA는 어떻게 생겼을까? DNA 구조가 밝혀진 것은 겨우 1953년의 일이야. 프랜시스 크릭과 제임스 왓슨 박사가 유전자의 비밀을 간직한 DNA 구조를 밝혀냈지. 구조를 알아내는 데 왜 이렇게 시간이 오래 걸렸을까? 지금까지 이야기했잖아. 너무 작아서 그랬다고. 옛날 기술로는 충분히 확대해서 볼 수가 없었거든.

DNA는 두 개의 나사선이 꽈배기처럼 꼬여 있는 모습이야. 그래서 이것을 '이중 나선 구조'라고 하지. 그런데 DNA 사슬 속 유전자는 암호로 기록되어 있어. 어휴, 그렇게 복잡한 DNA가 또 암호로 기록되었다고? 하지만 걱정하지 않아도 돼. 암호는

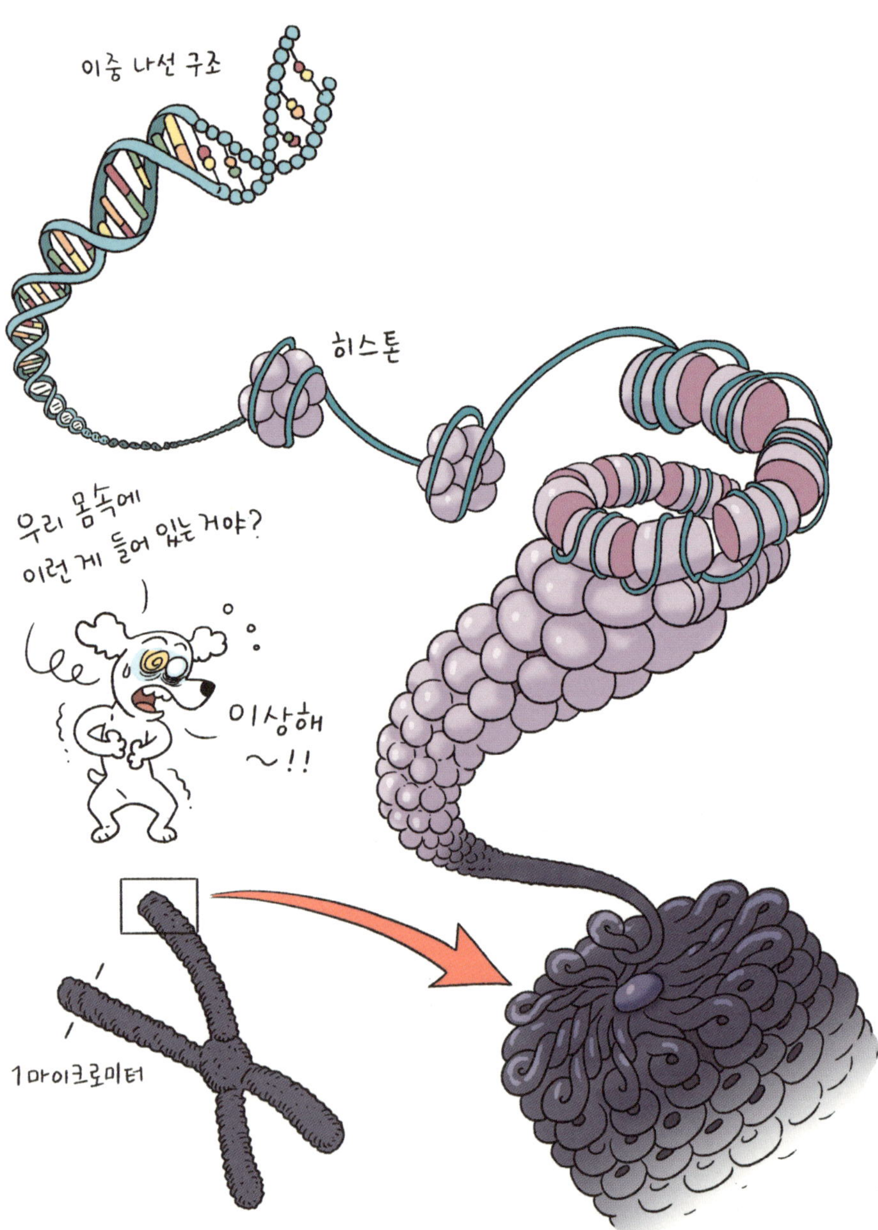
이중 나선 구조
히스톤
우리 몸속에
이런 게 들어 있는 거야?
이상해
~!!
1마이크로미터

단 네 가지 분자로만 기록되어 있으니까. 그 분자를 아데닌, 티민, 구아닌, 시토신이라고 하고 간단하게 각각 A, T, G, C라고 써. 그러니까 DNA 사슬에는 네 개의 알파벳이 쭉 나열되어 있고, 이 순서가 생명의 설계도라고 생각하면 되는 거야.

사람과 침팬지는 비슷하지? 생긴 것도 그렇고 염색체의 숫자도 거의 같아. 그러면 민들레와 코끼리는 어때? 과연 비슷한 구석이 있을까? 모양도 크기도 엄청나게 다르지. 게다가 하나는 식물이고 다른 하나는 동물이잖아. 그런데 비슷하게 생겼든 전혀 다르게 생겼든, 작은 식물이든 커다란 동물이든 같은 게 하나 있어. 그건 바로 유전자를 기록한 방법이야.

염색체의 크기와 숫자가 다르고 또 유전자의 개수가 달라도 유전자를 기록한 방법은 모두 같아. 생명 설계도인 유전자는 A, T, G, C라는 단 네 개의 알파벳으로만 기록되어 있으니까. 결국 세포 하나로 이루어진 짚신벌레나 거대한 코끼리 그리고 사람까지도 같은 방법으로 기록된 생명의 설계도를 갖고 있지. 왜 그런 것 같아? 모든 생명체는 하나의 조상에서 비롯되었기 때문이야.

생명의 날 댄스파티
미토콘드리아
단백질
ATP
아미노산

05

단백질은 무슨 일을 할까?

생명의
주인공은

단백질이야

외계인이 있을 것 같아? 나는 반드시 있을 거라고 생각해. 우리만 살기엔 우주가 너무 크잖아. 아무리 생각해 봐도 외계인이 있을 확률은 확실히 높아. 그렇다고 해서 외계인이 지구에 왔을 거라고는 생각하지 않아. 왜냐하면 우주는 정말로 크거든. 지구에서 가장 가까운 별은 태양이야. 그런데도 태양은 1초에 지구를 일곱 바퀴 반이나 도는 빛의 속도로도 8분 19초나 걸릴 만큼 멀지. 지구에서 두 번째로 가까운 별은 빛의 속도로 4년 4개월이나 걸려. 그 별에서 우주선을 타고 오려면 5만 년에서 7만 년은 걸릴 거야. 생명체가 그렇게 오래 살 수도 없지만 엄청난 에너지를 우주여행에 쓸 정도로 미련한 생명체라면 아마 우주선을 만들지도 못할 테니까 말이야.

우주에서 생명체를 찾는 과학자들이 있어. 바로 우주 생물학자들이지. 이 사람들이 가장 많이 하는 일이 뭔지 알아? 바로 물이 있는 행성을 찾는 거야. 왜냐하면 모든 생명체는 물로 이루어졌거든. 사람만 해도 신체의 거의 70퍼센트가 물이야. 그러니까 네 몸무게가 40킬로그램이라면 그 가운데 28킬로그램은 물인 셈이지.

그런데 생명체는 왜 하필 물로 구성되어 있을까? 만약에 쇠로 이루어졌으면 어땠을까? 우리 몸이 쇠로 이루어졌으면 단단해서 다치지도 않을 것 아냐? 만약 몸이 쇠인 편이 더 좋았으면 그랬을지도 모르지. 하지만 물로 된 데는 다 이유가 있어.

만약에 강철 인간이 있다고 해 봐. 어떨까? 뜨거운 사막이나 추운 알래스카 같은 곳에서는 살 수 없을 거야. 왜냐하면 쇠는 쉽게 달궈지고 쉽게 식으니까. 뜨거운 곳에서는 체온이 수백 도까지 올라갈 거야. 추운 곳에 가면 영하 수십 도까지 내려가고. 사람은 체온이 너무 떨어지거나 오르면 살 수 없어. 왜냐하면 단백질이 활동할 수 없거든. 또 쇠에는 단백질이 녹을 수 없기 때문에 생명은 쇠로 이루어질 수 없어. 그런데 단백질은 물에

인체에서 물이 평소보다 1~3퍼센트 감소하면 심한 갈증 등의 증세가 나타나고, 5퍼센트 부족하면 혼수 상태에 이르고, 12퍼센트 부족하면 사망하게 된다.

잘 녹지. 단백질을 위해서 생명은 쇠가 아니라 물로 이루어져야 하는 거야.

그런데 잠깐만, 도대체 단백질이 뭔데 그럴까?

유전자는 생명의 설계도라고 했지. 그런데 구체적으로 뭘 설계한 것일까? 단백질이야. 그러니까 유전자는 단백질에 대한 설계도라고 할 수 있어. 단백질의 설계도를 생명의 설계도라고 하는 거지. 이 말은 생명은 단백질과 마찬가지란 뜻이야. 왜냐하면 생명 활동의 주인공은 단백질이거든.

단백질이 하는 역할은 엄청나게 많아. 몇 가지만 소개할게. 첫째, 단백질은 우리 몸을 구성하는 물질이야. 근육, 내장, 간, 피부는 물론이고 머리카락도 단백질이 주성분이지. 둘째, 단백질은 평소에 에너지원으로는 거의 사용되지 않지만 탄수화물이나 지방이 모자랄 때는 에너지원으로도 쓰여. 아미노산으로 분해된 후 미토콘드리아에서 ATP를 만드는 데 쓰이지. 셋째, 우리 몸 안에서 물질을 수송하는 역할을 해. 적혈구가 산소를 운반한다고 했지? 이때 산소는 적혈구 안에 있는 단백질에 붙어 다니는 거야. 넷째, 항체를 만들어. 나쁜 것이 몸에 들어와서 해를 끼치면 항체 단백질이 그것을 물리치지. 다섯째, 감각을 발생시키고 전달하는 역할을 해. 우리가 맛을 느낀다는 것은 어떤 맛을 내는 분자가 혀에 있는 단백질 수용체에 달라붙었다는

뜻이야. 우리 몸에는 열, 냄새, 촉감 같은 걸 느끼는 단백질 수
용체가 있어. 수용체란 '받아들이는 물체'라는 뜻이야. 여섯째,
우리 몸 안의 수분과 염기를 일정하게 유지시켜 주는 것도 단
백질이 하는 일이야. 일곱째, 피를 굳게 해. 날카로운 것에 피부
를 베이면 피가 나잖아. 하지만 조금 있으면 멈추지. 이렇게 피
딱지가 생겨서 멈추는 작용을 '혈액 응고'라고 해. 혈액 응고 과
정에는 아주 많은 단백질이 필요해.

이렇게 단백질의 기능을 나열하려면 끝이 없어. 지금까지 말
한 단백질의 역할은 하나같이 다 중요하지만 가장 중요한 작용
은 아직 말하지 않았어. 그것은 바로 '효소' 작용이야. 이 단백
질 효소가 모든 생명 현상을 담당하기 때문이지.

설계도대로
단백질 제작 완성.
출동 이상무!
치익
우잉

효소는

중매쟁이야

중매쟁이란 말 들어 봤어? 중매를 하는 사람을 뜻해. 중매란 '결혼이 이뤄지도록 중간에서 소개하는 일'이야. 옛날에는 총각과 처녀가 직접 만나기 어려웠거든. 그래서 양쪽 집안을 다 아는 사람이 나서서 소개해 주었던 거지. 남녀칠세부동석이던 시절에 중매쟁이가 없었다면 혼인이 얼마나 어려웠겠어.

쇠막대 두 개를 붙이려면 어떻게 하지? 두 개를 나란히 댄 다음에 꾹 누르면 쇠막대 두 개가 하나로 연결되나? 아니지! 쇠막대 양쪽 끝을 엄청나게 뜨거운 불로 달구어서 녹여 붙여야 해. 이걸 용접이라고 하지. 용접을 하려면 에너지가 매우 많이 필요

주니어 대학

해. 반대로 쇠막대를 끊을 때도 용접기를 써. 쇠막대 가운데를 용접기로 뜨겁게 가열하면 그곳이 똑 하고 부러지지. 어떤 물체를 붙이거나 떨어뜨리려면 큰 에너지가 필요해.

그런데 아무 곳에나 그렇게 큰 에너지를 쓰지는 못해. 많은 에너지를 투여하는 게 쉽지도 않을뿐더러 그 에너지가 다른 것들을 파괴해 버릴 수도 있거든. 시험관 안에서 일어나는 화학 반응이 바로 그런 경우지. A분자와 B분자를 합쳐서 AB라는 분자를 만들어야 한다고 해 봐. 어떻게 할까? 시험관 안에 용접기를 들이댈 수는 없어. 우리가 기껏 쓸 수 있는 방법은 A와 B분자가 녹아 있는 시험관을 알코올램프로 가열하는 정도야. 그런데 이 에너지만으로는 AB가 생기지 않아. 이럴 때 쓰는 중매쟁이가 있어. 화학에서 쓰는 중매쟁이를 '촉매'라고 해. 촉매는 적은 에너지로 반응이 일어나게 하는 물질이지. 촉매는 반대로 AB를 A와 B로 쪼개는 것도 도와줘. 그러니까 촉매는 어떤 반응이 일어날 확률을 높여 주면서 필요한 에너지를 줄여 주는 물질이지. 화학 반응에 쓰이는 촉매는 주로 금처럼 값비싼 금속이 많아.

화학 반응은 세포 안에서도 일어나. 사실 몸 안에서 일어나는 일은 모두 화학 반응이야. 화학 반응이 일어나려면 에너지가 많이 필요해. 그러니까 몸 안에도 당연히 촉매가 있겠지. 몸 안에서 활동하는 촉매가 바로 효소라고 하는 단백질이야.

위장에서는 단백질이 소화된다고 했지? 위장에는 펩신과 트립신이라는 단백질을 분해하는 효소가 있어. 펩신과 트립신은 우리가 음식으로 먹은 단백질을 아미노산으로 쪼개는 역할을 해. 이렇게 쪼개야 혈액에 녹아서 세포에 전달될 수 있거든. 만약에 위장에 이런 단백질 효소가 없다면 우리는 고기를 소화시키지 못해. 효소는 우리 몸에서 화학 반응이 일어나게 도와주는 중매쟁이지.

그런데 궁금하지 않아? 펩신과 트립신 효소는 자기도 단백질이잖아. 그렇다면 자기가 자기를 아미노산으로 분해하지 않을까? 걱정하지 마. 그런 일은 일어나지 않으니까.

효소는

자물쇠야

효소는 수십 개에서 수천 개의 아미노산으로 이루어진 단백질인데, 주로 공처럼 둥글고 그 중간이 움푹 팬 자물쇠 같은 모습이야. 효소에 있는 서너 개의 아미노산이 몸에서 일어나는 화학 반응을 중매해. 움푹 팬 모양과 딱 들어맞는 부분이 있는 분자만 그 부분이 효소와 결합해서 붙거나 쪼개지게 되지. 자물쇠를 열고 닫을 열쇠 같은 분자와 만났을 때만 효소는 반응을 중매해.

한 가지 화학 촉매가 중매할 수 있는 반응의 종류는 무지 많아. 그래서 화학에서 사용하는 촉매는 그리 많지 않지. 하지만 사람에게는 효소가 수천 가지나 있어. 이렇게 효소가 많은 이

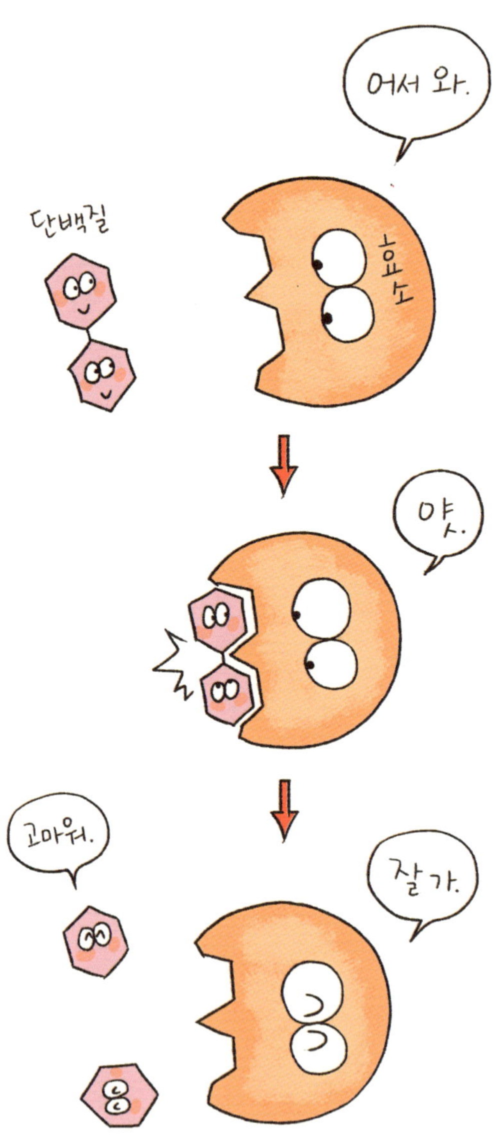
어서 와.
단백질
효소
얏.
고마워.
잘 가.

유는 효소가 한 가지 반응만 중매하기 때문이야. 모든 반응마다 효소가 각각 따로 있는 셈이지. 덕분에 생명은 아주 정확하게 조절될 수 있어.

효소는 정말로 뛰어난 중매쟁이야. 용접기처럼 따로 열을 가하지 않아도 되잖아. 우리 몸에 물만 충분하고 체온만 36.5도로 항상 유지하면 반응을 일으킬 수 있지. 그런데 가끔 조수가 필요한 효소들도 있어. 조수 역할을 하는 효소를 조효소라고 부르는데, 비타민 같은 것들이야. 비타민은 효소를 도와줘야 하므로 꼭 있어야 하지만 아주 조금만 필요해. 효소와 조효소는 한 번 쓰고 버리는 게 아니거든. A와 B를 합쳐서 AB를 만드는 효소는 이 반응이 끝나면 또 다른 A와 B를 합쳐서 AB를 만들 수 있어.

단백질, 탄수화물, 지방을 작게 분해하는 것도 효소고, ATP를 만드는 것도 유전자를 복제하는 것도 효소를 만드는 것도 효소야. 물론 그 효소들은 다 다른 효소들이지. 그러니까 생명은 효소라는 중매쟁이의 활동이라고 생각하면 돼. 그렇다면 단백질은 어디서 만들어질까?

아파트나 자동차를 만든다고 생각해 보자. 설계도는 도서관 서랍에 잘 보관되어 있어. 그럼 어떻게 해야 하지? 그래, 필요한 설계도가 어느 서랍 몇 번째 칸에 있는지 확인한 다음에, 원본을 가지고 갈까? 그건 위험해. 잊어버리거나 찢어질 수 있으니까. 그래서 원본은 놔두고 복사본을 공장으로 가져가겠지.

생명도 마찬가지야. 세포의 경우에 도서관은 핵이고, 서랍은 염색체지. 그리고 설계도는 DNA 사슬 속에 있는 유전자이고. 유전자를 복사해서 쓰면 되지. DNA를 복사하면 'mRNA'가 돼. m은 메신저의 약자야. 우리말로는 '전령'이라고 하지. 그래서 'mRNA'를 '전령 RNA'라고 부르기도 해. DNA의 유전자 정보를 단백질 공장으로 보내는 데 쓰이지.

단백질 공장은 세포질에 있어. 세포에서 핵을 제외한 나머지 부분이 세포질이야. 이 세포질에 '리보솜'이라는 단백질 공장이 있지. 리보솜은 복사한 설계도인 'mRNA'에 적힌 대로 단백질을 만들어. 설계도에 따라 자동차의 부품을 모두 만들었다고 해서 자동차가 완성되는 것은 아니야. 작은 부품을 모아서 큰 부품을 만들고 또 그걸 다시 설계도에 따라 조립을 해야 자동차가 완성되지. 단백질은 생명의 작은 부품이라고 할 수 있어. 이것들을 모아서 커다란 조직과 기관을 만들고 또 이것을 모아서 생명체를 만드는 과정은 매우 복잡해. 아직 우리가 정확히 알지 못하지. 그래서 설계도만으로는 생명체를 만들지 못해. 완전한 생명체를 만들어 주는 공장은 따로 있어. 아기를 누가 낳지? 엄마지. 그래, 바로 엄마의 난자와 자궁이 필요해.

마치 지퍼를
만드는 것 같네!

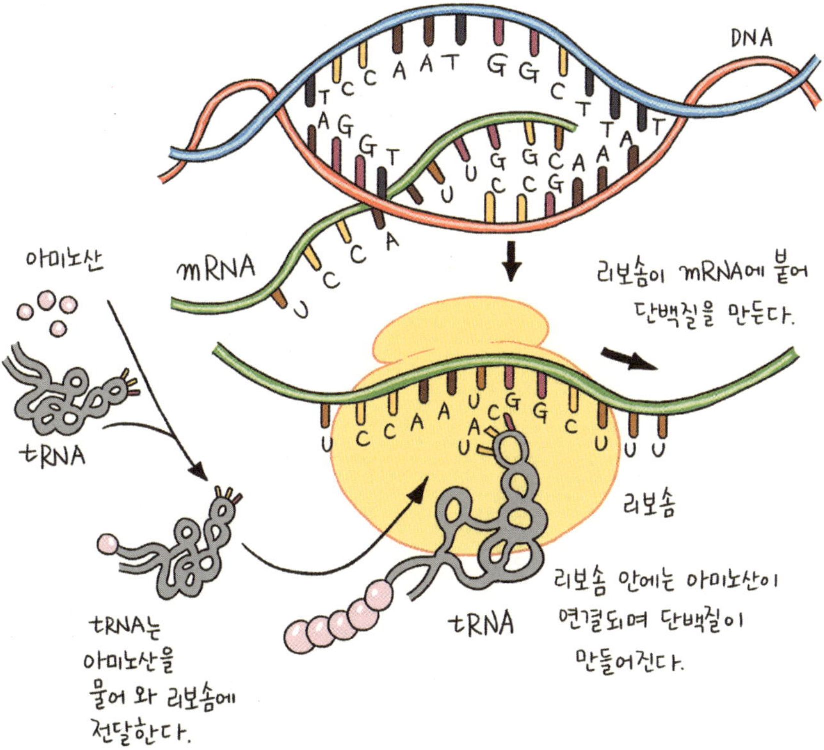

DNA
mRNA
아미노산
tRNA
리보솜
tRNA
리보솜이 mRNA에 붙어
단백질을 만든다.
리보솜 안에는 아미노산이
연결되며 단백질이
만들어진다.
tRNA는
아미노산을
물어 와 리보솜에
전달한다.

슬픔이란 기쁨과 대응되는 정서로서…
아니, 나 좀 위로해 달라고!
iMTEL
CORE i7

엉엉~ 슬퍼~

06

사람이 침팬지보다 똑똑한 이유는 뭘까?

뇌가
크면

똑똑할까?

공원에서 혼자 떨고 있는 고양이를 보면 마음이 아파. 저 개는 무섭게 생겼어. 방금 지나간 여자애는 정말 예뻐. 저 음악 소리는 아주 감미로워. 와, 떡볶이 냄새 정말 좋은데. 난 네가 하는 얘기를 다 알아들어. 또 간판의 글자만 봐도 저 집이 뭘 파는 가게인지 안다고. 누가 말해 주지 않아도 어느 쪽이 위쪽이고 어느 쪽이 아래쪽인지 알고, 비틀거리지 않고 똑바로 걸어갈 수 있어.

그렇지? 우리는 특별히 고민하지 않고도 주변 환경을 자연스럽게 받아들이며 잘 살아. 그런데 그때그때 마주치는 상황에 적절하게 대응하는 일을 가능하게 해 주는 건 뭘까? 그것은 바로 뇌야. 단단한 머리뼈가 보호하지. 뇌는 생각, 기억, 감정이 일어나고 우리에게 어떤 행동을 하라고 명령하는 곳이야. 우리 마음의 고향이지.

사람과 침팬지는 전혀 다른 동물이야. 하지만 700만 년 전으로 거슬러 올라가면 같은 조상을 만나게 돼. 그러니까 같은 조상에서 침팬지와 사람이 갈라져 나온 거야. 사람이 침팬지와 갈라서게 된 결정적인 이유는 사람이 두 발로 똑바로 서서 걸은 사건이야. '직립 보행'이라고 하지.

직립 보행을 하자 이로운 점이 많이 생겼어. 네 발로 걸을 때는 멀리 내다보지 못했어. 작은 나무와 풀에 시선이 가렸지. 그래서 주로 나무 위에서 시간을 많이 보냈어. 그런데 나무 위에서는 얻을 수 있는 식량이 많지 않았어. 종류도 많지 않고. 어쩔 수 없이 식량을 더 찾으러 수풀 속을 걷다 보면 갑자기 맹수가 나타나서 혼비백산하며 도망하는 일이 많았어. 나무에서 내려와도 멀리 다니지는 못했지. 두 발로 서게 되자 모든 게 바뀌었어. 머리가 높이 곧게 세워지니까 멀리 보이는 거야. 수풀이 눈을 가리지도 않았고. 이제는 나무에서 내려와서 다녀도 걱정이 없었지. 두 발로 서서 다니니까 두 손이 자유로워졌어. 예전엔 두 손으로 하는 일이라고는 주로 나무를 잡는 것이 전부였는데 이젠 도구를 사용할 수 있게 되었어. 돌만 가지고도 할

?
뭐라
씨부리
쌉노?
내가 너보다
똑똑한 이유는
내 뇌의 사양이
제5세대
6코어 i10
뉴런 네트워크
프로세서거든.

수 있는 일이 많아졌지. 손으로 돌을 다루면 동물을 사냥하기에 좋았고, 동물의 가죽을 벗기기도 편했어. 네 발로 다닐 때는 등뼈가 땅과 수평으로 있었어. 등뼈 끝에 머리뼈가 대롱대롱 매달려 있었지. 그런데 똑바로 서자 등뼈 위에 머리뼈가 안전하게 올라가 있는 거야. 아무리 걸어도 머리뼈가 대롱거리지 않고 안정적으로 자리를 잡게 되었어. 그랬더니 무슨 일이 생겼는지 알아? 뇌가 점점 커졌어. 엄청나게. 뇌가 커질수록 사람들은 점차 더 똑똑해졌지. 그래서 이제 침팬지는 인간의 상대가 안 돼.

두뇌가 큰 동물일수록 똑똑할까? 분명히 두뇌가 크면 똑똑하기는 해. 하지만 두뇌 크기가 모든 지능을 결정하는 것은 아니야. 코끼리와 고래를 생각해 봐. 머리가 엄청나게 크지? 그 안에 들어 있는 뇌도 아주 커. 그래, 코끼리와 고래는 매우 똑똑한 동물이야. 코끼리는 가뭄이 들면 아주 먼 곳에 있던 웅덩이를 기억하고 찾아갈 수 있어. 자식들을 아주 정성스럽게 돌보기도 하고 말이야. 고래도 마찬가지야. 오랜만에 만난 동료도 알아보고 인사를 하지. 그리고 처음 보는 고래가 기운이 빠져서 숨을 쉬러 물 위로 올라가지 못하는 것을 보면 그냥 지나치지 않고 지친 고래를 받쳐 올려서 숨을 쉬게 도와줄 정도로 마음도 착해.

코끼리와 고래가 똑똑한 이유는 역시 뇌가 크기 때문이야.

　주니어 대학

사람의 뇌보다도 훨씬 크지. 그런데 코끼리와 고래가 사람보다 똑똑한가? 그렇다고 생각하는 친구는 아마 없을 거야. 만약 그게 사실이라면 이 세상에서 코끼리와 고래가 가장 똑똑하겠지. 하지만 코끼리와 고래는 컴퓨터도 만들지 못하고 달나라에도 다녀오지 못했잖아. 농사도 짓지 못하고. 코끼리나 고래의 경우를 보면 뇌가 크다고 무조건 더 똑똑한 것은 아닌 게 분명해.

똑똑한 정도를 지능(知能)이라고 해. '아는 능력'이란 뜻이지. 지능은 뇌 크기 그 자체보다는 몸에 대한 뇌의 비율이 더 중요하다는 게 밝혀졌어. 뇌가 무조건 큰 게 아니라 몸집에 비해서 뇌가 상대적으로 커야 지능이 높다는 뜻이지. 이 비율을 보면 사람은 코끼리나 고래보다 훨씬 똑똑한 편이야. 뭐, 계산해 보지 않아도 뻔하지만 말이야.

그렇다면 침팬지와 사람은 어떨까? 사람은 침팬지보다 뇌가 커. 그리고 몸집도 크지. 몸집의 크기를 비교해 보니까 사람의 뇌가 침팬지의 뇌보다 특별히 더 큰 게 아니었어. 과학자들은 고민에 빠졌어. 사람과 침팬지의 뇌와 몸집의 비율이 비슷한데 왜 사람은 침팬지보다 훨씬 더 똑똑할까?

문제는

연결이야

산책을 하는데 길에서 개똥을 보면 어떻게 해? 나는 개똥을 밟지 않고 피해서 가. 아마 너도 그럴 거야. 어떻게 그럴 수 있을까? 먼저 눈이 개똥을 봐. 그리고 뇌는 생각하지. "똥은 더럽다. 그러니 피하자."라고 말이야. 그러면 다리는 똥을 피해가지. 눈과 뇌 그리고 다리가 하는 일은 다 다르지만 서로 연결되어 있어. 우리가 개똥을 피해 가려면 눈이 본 것을 누군가가 뇌에 전달해야 하고, 또 뇌의 명령을 누군가가 다리에 전달해야 해. 바로 그 누군가, 정보와 명령을 전달하는 통로가 뉴런이야.

뉴런은 신경 세포야. 다른 세포들은 보통 둥글둥글한데, 뉴런

주니어 대학

은 전깃줄처럼 길쭉하지. 실제로 뉴런 안으로 전기가 통해서 정보가 전달돼. 눈이 '개똥'을 보면, 뉴런은 '개똥'이라는 정보를 뇌에 전달하지. 그리고 뇌가 '피해라!'라고 내린 명령을 뉴런이 다리에 전달해. 그 명령을 받은 다리는 개똥을 피해 가는 거야. 뉴런은 감각 기관과 뇌 그리고 운동 기관 사이에서 정보를 전달하는 역할을 해.

뇌에는 감각 기관도 없고 운동 기관도 없어. 하지만 뉴런이 엄청나게 많이 들어 있어서 뇌세포끼리 서로 연결해 줘. 사람의 뇌에는 평균 860억 개의 뉴런이 있어. 860개가 아니야. 860억 개야. 이 가운데 690억 개는 머리 뒤쪽에 있는 소뇌에 있어. 소뇌는 운동 기능을 섬세하게 조절하는 역할을 해. 160억 개는 뇌의 겉 부분에 골고루 흩어져 있어. 뇌의 겉 부분은 인간의 생각과 문화와 관련이 있는 곳이야. 그리고 뇌의 다른 부분에는 겨우 10억 개만 있어. 이 10억 개의 뉴런은 기억, 계획, 상상, 학습, 도덕과 관련이 있다는 게 밝혀졌어.

사람이 침팬지보다 뇌가 크기 때문에 똑똑하다고 생각했던 과학자들은 이제 뉴런에 주목했어. 이들은 침팬지에게는 사람보다 뉴런이 훨씬 적을 것이라고 생각했지. 그런데 아니야. 사람의 뇌는 침팬지보다 세 배나 크지만 뉴런의 수는 조금 더 많을 뿐이거든. 사람이 침팬지보다 몸집에 대한 뇌의 비율이 큰 것도 아니고 그렇다고 해서 뉴런이 훨씬 많은 것도 아닌데, 어째서 사람은 침팬지보다 더 똑똑할까?

어떤 소식을 열 명에게 전달해야 한다고 생각해 봐. 만약에 한 명이 다른 한 명에게 전화하고, 전화를 받은 사람이 다음 사람에게 전화하는 식이라면(① → ② → ③ → ④ → ⑤ → ⑥ → ⑦ → ⑧ → ⑨ → ⑩) 자그마치 전화를 9번이나 해야 모든 사람에게 연락할 수 있을 거야. 그런데 이번에는 열 명이 모두 카카오톡 방에 들어 있으면 어떨까? ①이 단체 채팅 방에 올리면 한 번에 ②~⑩에게 소식을 전할 수 있어. 만약에 ①이 방송국이라고 생각해 봐. 그렇다면 겨우 열 명이나 수십 명이 아니라 동시에 수백만 명에게 정보를 전달할 수도 있어.

서로 연결된 고리가 많을수록 훨씬 빠른 거야. 침팬지와 사람의 뇌 차이가 바로 여기에 있어. 사람의 뇌에 있는 뉴런은 침팬지 뇌의 뉴런보다 훨씬 더 많은 다른 뉴런들과 연결된 거지. 지능에 중요한 조건은 뇌의 크기, 뉴런의 수가 아니라, 뉴런이 다른 뉴런들과 어떤 관계를 맺고 있느냐는 거야. 문제는 바로 연결인 것이지.

모든 것은

뇌로 통해

잠이 오지 않아서 괴로울 때가 있지? 그때 뇌에게 명령해 봐. "주인님이 말씀하시니까 잘 들어. 뇌는 지금부터 잠에 빠진다!" 그러면 잠이 와? 절대로 잠이 안 와. 하지만 그러다가 나도 모르게 잠이 들지. 왜 이런 일이 생길까?

이게 컴퓨터와 사람의 차이야. 컴퓨터에는 CPU(시피유)가 있어. '중앙 처리 장치'라는 건데, 컴퓨터가 하는 모든 계산을 책임지는 곳이지. CPU의 성능이 바로 컴퓨터의 성능이야. CPU가 컴퓨터의 모든 것을 통제해. 그래서 CPU만 장악하면 컴퓨터를 지배할 수 있지.

사람에게도 CPU가 있다면, 그것은 바로 뇌야. 뇌가 인체의

이봐, 뇌! 너는 잠들고 싶을 때 언제든 잘 수 있는 명령이 없다면서?
정말 안됐다. 그러니 불면증에 시달리지.

난 언제든지 잠들수 있어. 그래서 불면증 같은 건···
꾹.

이제야 좀 조용하네.
Z.

모든 것을 통제하니까. 우리의 느낌, 생각, 기억, 행동, 양심 같은 모든 것을 뇌가 결정하지. 그렇다면 우리는 쉽게 뇌를 통제할 수 있을까? 아니야, 우리가 뇌에게 잠자라는 명령을 내린다고 해서 잠들 수 있는 게 아니잖아. 왜 그런가 하면, 뇌는 하나지만 그 안에 수백만 개의 작은 CPU들이 뇌 전체에 골고루 퍼져 있는 식으로 생겼거든. 이 가운데 어떤 것도 지배적이지가 않아. 각자 전문 영역이 있어. 어떤 것은 심장을 뛰게 하고, 어떤 것은 폐를 호흡하게 하고, 어떤 것은 체온을 유지하게 하고, 또 어떤 것은 불쌍한 사람을 도와주게 하지. 작은 CPU들이 뉴런으로 연결되어서 하나의 뇌를 구성하는 거야.

과학이 엄청나게 발전했지만 사람 같은 로봇은 여전히 만들지 못했어. 우리는 아무 생각 없이 걷잖아. 관절이나 근육의 움직임을 전혀 생각하지 않고 걸어도 전혀 문제가 없지. 물병 뚜껑을 열 때도 마찬가지야. 목이 마른데 물병이 있으면 그냥 열어서 마셔. 그런데 로봇은 그렇지가 않아. 무릎과 발목을 구부렸다 펴면서 제대로 움직이게 하는 것도 어려워. 사람처럼 생긴 로봇은 엉성하게 걷다가 자꾸 넘어지지. 아무리 정교한 로봇 관절을 만들고 이 관절을 세밀하게 조정하는 프로그램을 짜도 소용이 없었어.

그러다가 어떤 과학자가 새로운 시도를 했어. 로봇의 사방에

카메라를 달고 바닥에는 바퀴를 달았어. 이 로봇은 벽에 부딪히지 말라는 간단한 임무를 받았어. 한쪽으로 가다가 카메라를 통해서 벽이 보이면 벽을 피해서 다른 쪽으로 방향을 돌리는 식이었지. 로봇 머리에는 빛 신호를 받아서 바퀴에 명령을 내릴 CPU가 필요했어. 그런데 이 과학자는 CPU 자리에 컴퓨터 칩 대신에 쥐의 뇌세포를 넣었어. 카메라와 쥐의 뇌세포를 전깃줄로 연결한 거야. 카메라가 벽을 보면 전깃줄을 따라서 벽이 있다는 정보가 쥐의 뇌세포로 가. 그랬더니 뇌세포가 '피해라!'라는 명령을 바퀴에 내린 거야. 사람들은 깜짝 놀랐지. "아하! 로봇을 만들 때 꼭 컴퓨터 칩과 프로그램을 장치할 필요가 없구나!" 하고 말이야.

앞으로 로봇을 만들 때도 생명체의 뇌를 사용하는 시대가 곧 올 거야. 하지만 뇌에 대해서 우리가 아는 것은 매우 적어. 할 일이 매우 많은 분야지.

정말 궁금한 게 있어. 저 멀리 살고 있는 외계인들도 우리와 같은 뇌를 가졌을까?

2부

우리가 인간의 조상이라는 거야?
몰라....
침팬지
종의 기원
종의 기원
침팬지나 원숭이가 조상이 아니라 오스트랄로피테쿠스가 조상이다.
명심해.
끄덕
난 아냐~!

01

자연 선택설을

발표한

찰스 다윈

딱정벌레에
빠진

소년

인류의 역사를 바꾼 과학책이 몇 권이나 될까? 내 생각에는 네 권 정도인 것 같아. 네 권밖에 안 되니까 간단히 설명해 볼게.

첫 번째 과학책은 코페르니쿠스가 쓴 『천체의 회전에 관하여』(1543년)야. 코페르니쿠스라는 이름이나 책 이름은 아마 들어 봤을 거야. 옛날 사람들은 지구가 우주의 중심이라고 생각했어. 그런데 이 책은 굳이 지구를 우주의 중심에 놓지 않아도 천체의 운동을 설명할 수 있고, 우주의 중심에 지구 대신 태양을 놓으면 훨씬 간단하게 천체의 운동을 설명할 수 있다는 사실을 밝혔지.

두 번째는 갈릴레오 갈릴레이가 쓴 『두 우주 체계에 관한 대화』(1632년)야. 이때까지도 사람들은 코페르니쿠스가 밝힌 내용을 받아들이지 않았어. 무슨 말인지 잘 이해하지도 못했거든. 그래서 갈릴레이는 지구가 우주의 중심이라는 천동설과 태양이 우주의 중심이라는 지동설의 양쪽 대표 선수가 토론하는 책을 썼어. 물론 대표 선수는 자기가 맘대로 정한 것이고 가상 토론을 붙여서 지동설이 옳다는 것을 밝혔어.

세 번째는 만유인력의 법칙을 밝힌 아이작 뉴턴이 쓴 『자연철학의 수학적 원리』(1687년)야. 이 책에서 뉴턴은 지구나 하늘이나 모두 같은 원리로 운동한다는 아주 중요한 사실을 밝혔어.

이 세 권은 인류 역사에 매우 중요한 책이지만, 요즘 이 책을 읽는 사람들은 거의 없어. 왜냐하면 오래전에 쓰인 책이라 읽기도 어렵고 세부적인 내용이 틀린 부분도 많거든. 게다가 요즘 우리가 배우는 물리학, 천문학 책에 다 들어 있는 내용이라 과학사를 연구하는 사람이 아니고서야 굳이 옛날 책을 읽을 필요가 없는 거지.

그런데 나머지 한 권은 달라. 그것은 바로 찰스 다윈이 쓴 『종의 기원』(1859년)이야. 아직도 수많은 사람들이 이 책을 읽지. 그리고 책을 읽으면서 새로운 영감을 얻어. 나온 지 150년도 더 된 이 책을 쓴 찰스 다윈은 어떤 사람일까?

 주니어 대학

다윈은 별난 아이였어. 여덟 살 때 어머니가 돌아가셨지만, 다윈은 세 누이와 형 그리고 아버지와 함께 행복한 어린 시절을 보냈어. 물론 장난꾸러기였지. 장난꾸러기들이 다 그렇듯이 다윈도 학교생활이 재미없었어. 왜냐하면 그땐 학교에서 그리스 어, 라틴 어, 역사, 신화, 고대 그리스와 로마 문학 같은 고전을 주로 가르쳤는데, 다윈은 그런 과목보다는 과학 실험을 하거나 자연을 관찰하길 더 좋아했거든.

다윈은 방학 때 집에 오면 실험실을 만들어 놓고 형과 함께 화학 실험을 했어. 그리고 들판을 쏘다니면서 암석을 줍거나 새 둥지를 뒤지고 사냥을 했지. 유명한 의사였던 아버지는 이런 모습이 영 맘에 안 들었나 봐. 한번은 "사냥하고 개랑 놀고 쥐 잡는 것 말고는 할 일이 없니? 넌 우리 가문에 먹칠을 할 놈이야!"라며 다윈에게 화를 내기도 했지.

결국 다윈은 형이 다니던 의과 대학에 진학했어. 할아버지와 아버지의 뒤를 이어서 의사가 되려고 했던 것은 아니야. 아버지가 강요해서 간 것일 뿐이지. 원하지 않은 공부를 열심히 할 리가 없었지. 의학 공부가 고전 공부만큼이나 싫었어. 게다가 다윈은 피를 몹시 싫어했어. 그땐 수술이 아주 끔찍했어. 아직 마취제가 발명되지 않았거든. 팔다리를 잘라 내는 수술도 마취 없이 했지. 어느 날 크게 다친 아이가 고통스럽게 수술받는 장면을

뚝딱정벌레라고
다 똑같은 줄
알아?
뚝딱!

보다가 다윈은 수술실을 뛰쳐나갔어. 다윈은 절대로 의사가 되지 않겠다고 결심하고 의과 대학을 그만뒀지.

빈둥거리는 다윈을 보다 못한 아버지는 다윈을 신학 대학에 보냈어. 성공회 신부가 되면 존경도 받고 시간도 많으니 다윈이 좋아하는 딱정벌레와 새도 실컷 잡을 수 있다고 생각한 거지. 신학 대학에 겨우 입학한 다윈은 여기서도 공부를 열심히 하지 않았어. 주로 딱정벌레를 잡으러 다녔지.

하루는 다윈이 운 좋게 희귀한 딱정벌레를 두 마리나 잡아서 양손에 한 마리씩 들고 있었어. 그런데 진귀한 딱정벌레가 또 한 마리 보이는 거야. 그럼 어떻게 해? 양손에 다 딱정벌레를 쥐고 있는데. 다윈은 손에 쥐고 있던 한 마리를 입에 넣었지. 그랬더니 입안에서 난리가 났어. 입에 넣은 벌레는 폭탄먼지벌레였거든. 폭탄먼지벌레는 위협을 느끼면 두 가지 화학 물질을 내보내. 그런데 두 물질은 서로 반응해서 뜨거운 열과 자극적인 기체를 발생시키지. 결국 다윈은 딱정벌레를 모두 놓치고 말았대.

비글호

항해

다윈이 다니던 신학 대학에는 식물학을 가르치는 헨즐로 교수가 있었어. 다윈은 헨즐로 교수의 수업은 열심히 들었고, 두 사람은 산책을 하면서 많은 이야기를 나누었어. 헨즐로 교수는 다윈이 비록 신학 공부는 열심히 하지 않지만 영리한 학생이라는 사실을 알았지. 다윈도 헨즐로 교수를 존경했어. 자기도 헨즐로 교수처럼 식물을 채집하면서 살 수 있으면 좋겠다고 생각했어.

그러던 어느 날 다윈은 독일의 자연사학자이자 탐험가인 알렉산더 폰 훔볼트가 남아메리카 대륙을 탐험하고 기록한 『코스모스』를 읽었어. 그러자 자기도 열대 우림을 탐험하고 싶어졌

주니어 대학

지. 헨즐로 교수는 탐험을 떠나기 전에 지질학 공부를 더 하는 게 좋을 거라고 하면서 다윈에게 애덤 세지윅 교수를 소개해 줬어. 세지윅 교수는 고생대를 연구하는 아주 유명한 지질학자였어. 다윈은 세지윅 교수와 함께 암석과 화석을 발굴하고 연구하면서 자연사에 대한 지식을 쌓았지.

당시 영국은 산업 혁명에 성공한 세계에서 가장 부강한 나라였어. 영국은 스페인과 포르투갈에서 독립한 남아메리카와 무역을 하고 싶었지. 무역을 하려면 남아메리카에 대한 연구가 필요해. 이걸 위해 영국 해군은 '비글호'라는 군함을 보내기로 했어. 비글호의 선장은 피츠로이라는 사람이었는데, 항해하는 동안 자기와 이야기를 나눌 '교양인'을 한 명 구해 달라고 헨즐로 교수에게 부탁했고, 헨즐로 교수는 다윈을 추천했지. 자연사학자로서 연구하기 위해 배에 타는 것이지만 다윈은 봉급을 받기는커녕 여행 비용을 내야 했어. 다윈은 아버지에게서 도움을 받으려 했는데 아버지는 여행을 반대했어. 시간 낭비라고 생각한 거지. 다행히 외삼촌이 편을 들어 줘서 마침내 다윈은 비글호에 타게 되었어.

비글호의 임무는 정확한 지도를 그리는 거였어. 다윈의 임무는 남아메리카의 자연을 기록하는 것이었고. 다윈은 훔볼트의 책에서 보고 기대한 대로 형형색색으로 다채롭고 아름다운 남아메리카의 자연에 푹 빠졌어. 다윈은 뱃멀미가 심해서 배가 남아메리카 해안선을 따라 이동하는 동안에는 배에서 내려 육지로 이동하는 일도 많았어.

다윈은 여행하는 동안 곤충과 동물 표본을 많이 수집해서 중간중간에 헨즐로 교수에게 보냈어. 이 가운데는 유럽에서는 볼 수 없는 것들이 많았지. 또 다양한 동물의 화석도 발굴했는데 멸종한 동물의 화석도 많았어. 그런데 그 가운데 요즘 살고 있는 동물과 비슷한 것도 있었어. 예를 들면, 거대한 메가테리움은 뼈가 나무늘보와 닮았고, 분명히 아르마딜로의 뼈처럼 생긴 뼈 화석은 크기가 말만 했어. 이때 다윈은 "이런 거대한 생물은 지금 남아메리카에 사는 동물들과 어떤 관계가 있는 게 분명해."라고 생각했어.

남아메리카에는 안데스 산맥이 있어. 높고 긴 산맥이지. 어느 날 다윈이 2,000미터가 넘는 높은 산에 올라갔는데 거기에 조개껍데기 화석이 잔뜩 있는 거야. 이걸 보고 다윈은 이 산이 한때는 바다 아래에 있었다고 생각했지.

원래 비글호는 2년간 탐사할 예정이었는데 남아메리카 해안을 한 바퀴 돌고 에콰도르에서 1,000킬로미터 서쪽으로 떨어진 갈라파고스 제도에 도착하는 데 3년이 걸렸어. 태평양을 건너고 아프리카를 돌아서 영국에 돌아오기까지 결국 5년이 걸렸지.

비글호 항해에서 가장 중요한 곳은 한 달가량 머문 갈라파고스 제도야. 정말 신기한 곳이지. 이곳 동물들은 사람들을 무서워하지 않았어. 사람들이 다가가도 새들은 날아가지 않았지. 그래서 막대기로 새를 때려잡을 수도 있을 정도였어. 또 이곳에는 엄청나게 큰 거북이 살았어.

'제도'라는 건 섬이 여러 개 모여 있다는 뜻이야. 갈라파고스 제도는 19개의 섬으로 이루어졌어. 갈라파고스 제도에 있는 동물과 식물은 남아메리카 대륙에 있는 생물들과 비슷하기는 했지만 똑같지는 않았어. 갈라파고스 제도에서도 거북은 섬마다

생김새가 많이 달랐고. 다윈은 그냥 그렇다고만 기록했지, 왜 대륙과 다르고, 또 섬마다 다른지는 생각하지 않았어. 아마 신기한 게 많으니 거기에 푹 빠져 다른 건 생각할 틈이 없었겠지.

영국의 무역선들은 태평양을 건너기 전에 갈라파고스 제도에 들러 큰 거북을 여러 마리 잡아서 배에 싣곤 했어. 태평양을 건너는 긴 항해 동안 식량으로 쓰려고 한 거야. 비글호에도 거북을 여러 마리 실었어. 다윈은 거북 몇 마리를 영국까지 데려갔지. 그 가운데 한 마리가 오스트레일리아로 옮겨졌고 어느 동물원에서 지내다 2006년에 죽었어. 와! 거북은 정말 오래 사는구나.

다시 다섯 달의 항해 끝에 태평양을 건너서 오스트레일리아에 도착했어. 다윈은 오스트레일리아에서도 캥거루, 오리너구리 같은 신기한 동물을 많이 봤어. 그러면서 왜 여기에만 이런 생물이 있을까 고민했지.

『종의 기원』을

쓰다

다윈이 5년 동안 항해하는 사이에 헨즐로 교수는 다윈이 보내온 표본들을 자연사학자들에게 보여 주었고, 다윈이 보낸 편지도 모아서 책으로 펴냈지. 덕분에 다윈은 귀국했을 때 이미 유명한 사람이 되어 있었어. 다윈이 수집한 동물 표본은 5,436점이나 되었어. 그러니 귀국한 뒤에 몇 년 동안은 자신이 수집한 표본을 정리하고 연구하느라 시간을 보내야 했지. 연구 결과는 지질학회에서 발표했어. 당시까지만 해도 다윈은 생물학자라기보다는 지질학자에 가까웠거든.

"남아메리카 대륙 주변의 바다는 수백만 년 동안 서서히 가라앉고 있습니다. 그러는 사이에 남아메리카 대륙은 솟아올랐습니다. 대륙의 고도가 변하면서 기후도 따라 변하고 거기에 맞춰서 식물과 동물도 환경에 적응하면서 변한 것 같습니다.”

다윈이 발표한 것은 완전히 새로운 이론이었어. 그때까지 사람들은 기후가 변하면 그동안 살던 동식물이 멸종하고, 그 빈자리에 하느님이 새로운 동식물을 채워 준다고 믿었거든.

다윈은 갈라파고스 제도에서 새들을 많이 잡았어. 그런데 궁금한 게 있었지. 어떤 섬에는 핀치가 살고, 어떤 섬에는 굴뚝새가 살고, 또 어떤 섬에는 콩새가 사는 거야. 왜 섬마다 다른 새가 살까? 이런 궁금증이 있었지만 영국에 표본을 보낸 다음에는 잊었지. 다윈은 자기가 보낸 표본을 연구한 조류학자 친구에게서 깜짝 놀랄 이야기를 들었어. 갈라파고스 제도 곳곳에서 잡은 새들이 섬마다 다른 종류가 아니라 모두 핀치라는 거야. 그런데 각각의 섬에서 발견된 핀치의 몸 크기와 부리 모양이 달라서 서로 다른 새라고 착각했던 것이지. 어떤 새의 부리는 뾰족하고, 어떤 새의 부리는 뭉툭하고, 또 어떤 새의 부리는 힘이 세게 생겼어. 조류학자는 핀치 부리의 모양이 먹이와 관련이 있다고 설명하면서, 원래는 같은 모양이었는데 섬마다 먹이가 다르니까 그에 맞춰서 부리 모양이 변한 것 같다고 말했지.

이때부터 다윈은 동물과 식물이 계속 같은 상태로 있는 게 아니라 세대가 바뀌면서 변한다고 생각하기 시작했어. 세대란 ‘할

 주니어 대학

아버지-아버지-나-자식'으로 이어지는 각 단계를 말해. 다윈은 지질학자가 되기 전에 먼저 성공회 신부였잖아. 그래서 고민이 많았지.

"하느님이 모든 동물을 같은 모습으로 만드셨는데, 왜 섬마다 새의 생김새가 달라졌을까? 왜 오스트레일리아에 있는 오리너구리와 캥거루는 다른 대륙에는 없을까? 혹시 외떨어진 섬에 오랫동안 따로 살다 보면 생물이 바뀌는 것은 아닐까? 혹시 서로 다르게 생긴 동물들이 하나의 조상에서 갈라진 게 아닐까?"

하지만 이런 생각을 글이나 말로 발표할 수는 없었어. 보나 마나 사람들에게 핀잔이나 들을 게 분명했으니까. 다윈 혼자 고민하다 보니 답이 잘 나오지 않았어. 원래 과학은 혼자 하는 게 아냐. 동료들과의 토론이 중요해.

오랜 시간이 지난 다음에야 다윈에게 어떤 아이디어가 떠올랐어. 동물들이 먹이를 두고 경쟁해야 하는 상황에 놓이면 강한 놈만 살아남을 거라는 생각이 든 거지. 이 이론을 '자연 선택설'이라고 해.

"환경이 변하면 생물도 변해. 새로운 환경에 잘 적응하는 놈들은 살아남지만 그렇지 않은 놈들은 죽겠지. 화석을 보면 아예 멸종해 버린 동물들도 있잖아. 그러니까 살아남는 생물과 그렇지 않는 생물은 자연이 선택하는 거야."

그사이에 다윈은 에마와 결혼을 했어. 열 명의 아이를 낳아 기르는 동안 자신의 생각은 수십 년씩 비밀에 붙였지. 아주 친한 친구 과학자 몇 명에게만 이야기했을 뿐이야.

그러던 1858년의 어느 날 다윈에게 월리스라는 젊은 자연사학자가 지금의 말레이시아에서 보낸 편지가 도착했어. 월리스도 자연 선택설을 발견한 거야. 다윈은 고민에 빠졌어. 자기가 수십 년 전에 알아낸 사실을 월리스에게 빼앗길지도 모르게 되었거든. 다윈은 친구들에게 고민을 털어놓았지. 다윈이 오래전부터 자연 선택설을 주장했다는 사실을 알고 있던 친구들은 다윈에게 용기를 주고 다윈과 월리스가 함께 논문을 제출하게 도왔어. 논문이란 학문으로 연구한 것을 다른 학자들에게 알리기 위해 발표하는 글이야.

그리고 1859년 마침내 다윈은 진화에 관한 자신의 연구를 모아서 『종의 기원』이란 제목의 책을 펴냈지. 이렇게 오래된 책을 현대인들도 읽고 있으니 이 책이 얼마나 위대한 책인지 알겠지? 우리처럼 똑똑한 외계인이 있다면 그들에게도 『종의 기원』 같은 책이 있을 거야.

냠냠
효모.
인공
DNA.
변신 준비!
인공
박테리아로
변신!
마그룰란스미

합성 생물학을 개척한 크레이그 벤터

휴먼
게놈

프로젝트

스티브 잡스를 알아? IT(정보 기술) 역사를 획기적으로 바꾸고 우리 삶의 방식마저 바꿔 버린 사람이야. 개인용 컴퓨터를 대중화하고, 일일이 명령어를 외워서 쳐야 했던 컴퓨터 시스템을 마우스만 클릭하면 되는 시스템으로 바꿔서 누구나 쉽게 컴퓨터를 사용하게 했어. 또 아이팟을 만들어 음악 산업 전체를 뒤바꿔 놓고 아이폰을 만들어서 휴대 전화 시장을 바꾸더니, 아이패드를 만들어서 태블릿 PC의 시대를 연 사람이지. 한편 성격이 괴팍하고 직원을 함부로 해고하기도 했어. 그에 대한 판단은 다양해. 그가 훌륭한 사람인지는 잘 모르겠어. 하지만 그가 정보 기술의 영웅인 것은 분명해.

현대 생물학계에도 스티브 잡스 같은 사람이 있어. 크레이그 벤터가 바로 그런 사람이야. 벤터는 휴먼 게놈 프로젝트 때문에 갑자기 유명해지더니 지금은 합성 생물학이라는 새로운 분야를 개척하고 있어.

내가 1부 4장에서 "유전자를 보관하는 서랍장인 염색체의 숫자는 생물마다 달라. 사람은 23쌍이지만 완두는 7쌍, 벼는 12쌍, 초파리는 4쌍, 돼지는 19쌍, 침팬지는 24쌍, 개는 39쌍이야."라고 말했던 것 기억나? 그러면 사람에게는 몇 가지 염색체가 있을까?

23쌍이니까 23가지라고? 잘 생각해 봐. 사람은 22쌍의 상염색체와 한 쌍의 성염색체가 있다고 했잖아. 상염색체는 똑같은 게 쌍으로 있으니까 22가지야. 하지만 성염색체에는 X염색체와 Y염색체 두 가지가 있잖아. 그러니까 사람에게는 총 24가지의 염색체가 있는 거야. 그러면 돼지의 염색체는 20가지, 개의 염색체는 40가지인 줄 금방 알아차렸겠지?

이렇게 어떤 생물에게 필요한 모든 유전 정보를 '게놈'이라고 해. 영어로는 genom이라고 쓰지. 가끔 미국 사람 발음대로 '지놈'이라고 쓰는 사람도 있는데 외래어 표기법에 따르면 독일식 발음대로 게놈이라고 쓰는 게 맞아. 우리말로는 '유전체'라고 해. 유전자하고 헷갈리지는 마.

인간 게놈이란 인간에게 있는 24가지 염색체 전부를 말해. 염색체는 유전자를 담은 DNA 사슬로 되어 있다고 했지? DNA 사슬 가운데 약 3퍼센트만 단백질 설계도이고 나머지는 필요 없는 쓰레기이거나, 유전자 작용을 조절하는 부분이거나, 우리가 아직 쓸모를 모르는 것들이지.

생물학자들은 인간의 게놈을 이루는 DNA를 전부 알고 싶었어. 그러면 백혈병이나 치매처럼 유전자에 이상이 생겨서 발생하는 수많은 난치병을 치료할 수 있다고 생각했거든. DNA는 A, T, G, C라는 네 가지 알파벳 이름이 붙은 분자가 연결된 것이라고 했잖아. 인간 게놈의 알파벳 순서를 완전히 해독하기로 한 거지.

그런데 인간 게놈의 알파벳은 자그마치 30억 개나 돼. 이걸 어떻게 몇 명의 과학자가 다 알아내겠어? 그래서 1990년부터 전 세계의 과학자들이 모여서 함께 연구하기로 했어. 그 연구 프로젝트의 이름이 바로 '휴먼 게놈 프로젝트'야. '인간 유전체 프로젝트'라고도 하지. 2005년까지 모두 끝낼 계획이었어.

유전자에

특허를
내겠다고?

벤터도 휴먼 게놈 프로젝트의 일원이었지. 그러다가 연구소를 뛰쳐나와서 '셀레라 제노믹스'라는 회사를 차리고는 독자적으로 인간 게놈을 해독하기 시작했어. 그는 슈퍼컴퓨터를 많이 사용했기 때문에 휴먼 게놈 프로젝트 연구 팀보다 해독 속도가 훨씬 더 빨랐어.

그러자 다른 과학자들이 심각해졌어. 왜 그랬을까? 빨리 해독하면 난치병 치료도 더 빨리 시작할 수 있을 텐데……. 자존심이 상해서 그랬을까? 물론 자존심 문제도 있겠지만 문제는 다른 데 있었지. 유전자의 정보는 어떤 개인의 것이 아니라 인류 공동의 자산이잖아. 휴먼 게놈 프로젝트는 연구를 통해 얻은 정

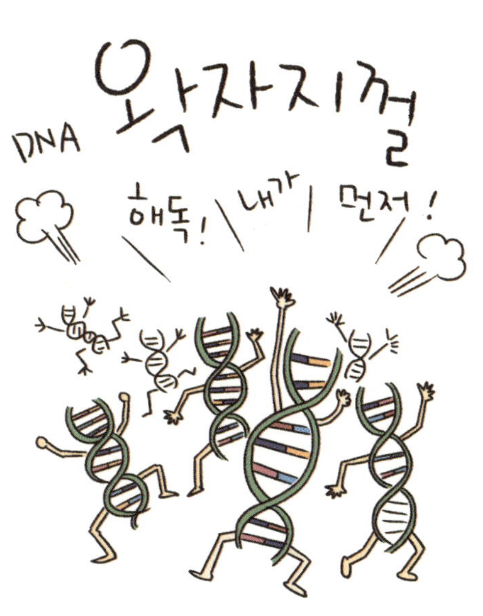

DNA 왁자지껄
해독! 내가 먼저!

특허는 안 됨!
특허

보를 완전히 공개해서 누구나 연구와 치료에 사용하게 하려고 했어. 하지만 사업가들의 생각은 달랐어. 인간 유전자에 특허를 낸 다음에 그 정보를 팔려고 한 거야.

생각해 봐. 누가 백혈병을 일으키는 유전자를 찾아낸 다음에 특허 등록을 했어. 백혈병 진단을 하려고 이 유전자 정보를 사용하려는 병원은 그때마다 특허 사용료를 내야 할 거야. 환자들의 치료비는 올라가겠지. 또 특허는 없던 걸 발명했을 때 주는 거잖아. 그런데 원래 자연에 있던 것에 특허를 줘도 될까? 말이 안 돼. 실제로 미국 법원은 2013년 6월에 유전자는 특허로 보호할 대상이 아니라는 판결을 내렸지.

그런데 휴먼 게놈 프로젝트가 한창일 때만 해도 분위기가 달랐어. 유전자를 발견하는 데 많은 노력과 돈이 들어가니까 과학 발전을 위해서는 특허를 인정해야 한다는 의견이 많았거든. 그래서 휴먼 게놈 프로젝트의 과학자들은 벤터의 등장에 신경을 곤두세우고 자기네가 먼저 발표하려고 연구 속도를 높였지. 인간 유전자에 대한 특허를 벤터에게 넘겨주지 않기 위해서 말이야. 결국 휴먼 게놈 프로젝트와 벤터가 공동으로 결과를 발표하게 되었지. 연구가 과열된 덕분에 2005년에 끝낼 예정이었던 휴먼 게놈 프로젝트는 2000년에 완성되었어.

생물학자들은 휴먼 게놈 프로젝트만 성공하면 유전자 치료법을 이용해서 온갖 난치병을 치료할 수 있을 거라고 주장했어. 하지만 인간의 게놈이 모두 해독된 지 15년이 되었지만 유전자 때문에 생기는 난치병을 치료하게 되었다는 이야기는 아직 나오지 않고 있어. 유전자를 안다고 해서 병을 다스릴 수 있는 게 아니란 사실이 밝혀진 것이지. 조금 실망스럽지? 하지만 이 사실을 알게 된 것도 큰 수확이야. 과학은 계속 발전되어야 해.

합성
생물학이

위험할까?

휴먼 게놈 프로젝트를 통해서 벤터는 갑자기 세계적인 인물이 되었어. 벤터가 유전자에 대한 특허로 세상 사람들을 괴롭히지는 않았지만 사람들은 여전히 그에 대해 경계심을 늦추지 않았지. 그는 남들과는 다른 사람이었거든. 벤터는 2003년에는 인공 바이러스를 만들더니, 2010년에는 인공 생명체를 만드는 데 성공했다고 발표했어. 원숭이나 개구리 또는 딱정벌레 같은 고등 생명체는 아니고 미생물이었지.

벤터는 '미코플라스마 게니탈리움'이라는 박테리아의 DNA를 합성한 거야. 사람에게는 유전자가 2만 5,000개 있는 데 반해 이 박테리아는 유전자가 겨우 580개밖에 안 되는 작은 미생물이고, 게놈이 이미 완전히 해독된 상태였지.

벤터는 박테리아의 유전자 조각을 레고 조각 맞추듯이 맞춰서 DNA를 완성했어. 이 DNA를 효모 안에 넣었지. 효모는 술이나 빵을 만들 때 사용하는 미생물이야. 효모 안에서 박테리아의 DNA가 효모의 DNA랑 합쳐졌어. 그랬더니 효모의 단백질들이 원래 자신의 DNA뿐 아니라 박테리아의 DNA에서도 단백질을 만들어 낸 거야.

이걸 보고서 생물을 합성했다고 할 수 있을까? 유전자를 합성한 것은 분명 획기적인 일이야. 하지만 유전자가 생명은 아니잖아. 유전자는 단지 생명의 설계도일 뿐이야. 그러니까 벤터는 생명을 합성한 게 아니라 유전자를 합성한 것일 뿐이지. 다른 과학자들은 벤터가 '주문형 박테리아'를 만드는 길은 열었지만 인공적으로 합성된 DNA가 실제로 생명체가 될 수 있다는 것을 증명하지는 못했다고 생각해.

그럼에도 불구하고 합성 생물학 분야는 앞으로 빠른 속도로 발전할 거야. 수많은 생물학자들이 여기에 뛰어들었거든. 그런데 첨단 과학이 인간과 생태계에 좋은 역할만 하는 것은 아니야. 보이지 않는 위험이 있을지도 모르지. 어떤 사람들은 바이오 테러의 위험을 걱정하고, 어떤 사람들은 과학자들도 예상하지 못한 괴물 같은 박테리아가 자연에 퍼져 나갈지도 모른다고 걱정

CO₂
CO₂
CO₂
CO₂
CO₂
CO₂
흑윽.

해. 실제로 합성 생물학이 위험한 것인지, 위험하다면 다른 생물학보다 더 위험한 것인지에 대해서는 토론해 봐야 해.

합성 생물학을 통해서 어떤 이득이 생길 테니까 무조건 허용해야 한다는 생각이나, 걱정되는 부분이 있으니까 일단은 금지하자는 태도도 옳지 않아. 과학은 실험과 관찰 그리고 그 결과에 대한 토론으로 발전하는 것이니까. 너는 합성 생물학에 대해 어떻게 생각해?

벤터는 뛰어난 과학자이면서 사업가이기도 해. 그런데 소리만 요란한 빈 수레 같은 면도 좀 있어. 겨우 유전자만 합성해 놓고서 생명을 합성했다고 말하는 게 바로 그런 모습이지. 그런데도 사람들이 벤터에게 기대를 거는 분야가 있어. 바로 '바이오 연료' 프로젝트야.

'바이오 연료'란 살아 있는 생물이나 시체 그리고 배설물 같은 것을 이용하여 에너지를 얻는 연료를 말해. 석유나 석탄은 아주 오래전에 살았던 생물들이 변해서 만들어진 거야. 그래서 화석 연료라고 하지. 화석 연료는 만들어지는 데 아주 오랜 시간이 걸리기 때문에 얼마 있으면 곧 동이 나고 말 거야. 또 화석 연료를 사용하면 이산화탄소가 발생해서 지구 온난화를 일으키지만, 바이오 연료는 대기 중에 있는 이산화탄소를 이용해서 성장한 식물에서 이산화탄소가 발생하는 것이라서 대기 중의 이산화탄소 농도를 높이지도 않지. 부족한 에너지도 공급하고 기후 변화에 끼치는 영향도 없기 때문에 생물을 이용한 바이오 연료에 대한 연구가 한창이야.

과학자들은 특히 녹조류에 관심이 많아. 녹조류는 엽록소로 광합성을 하는 식물의 일종인데, 이산화탄소를 많이 흡수해서 빨리 자라거든. 같은 면적의 밭에서 옥수수보다 16배나 많은 바이오 연료를 만들 수 있어. 아직까지는 녹조류를 키우기 위한 값싼 영양소를 찾고, 녹조류가 잘 자라면서도 독소는 발생하지 않게 관리하는 숙제가 남아 있지.

벤터는 2009년부터 녹조류 바이오 연료를 연구하고 있어. 녹조류에서 450개의 유전자를 수집해서 바이오 연료에 적합한 미생물을 합성하려고 하지. 벤터가 '바이오 연료' 분야에서는 인류에게 도움이 될 수 있을지 궁금해. 내 생각에는 휴먼 게놈 프로젝트의 결과에서 유전자 치료법을 개발하고, 바이오 연료를 공급할 수 있는 생물을 합성하는 일은 아마 너의 연구 과제가 될 것 같아.

3부

01

생명은 언제 어디에서
시작되었나요?
—진화학

지구는 나이를 46억 살이나 먹었어. 그리고 생명의 역사는 38억 년 전에 시작됐을 거야. 물이 있어야 생명이 살 수 있는데 그때 바다가 생겼거든.

지구에서 가장 먼저 생긴 생명은 박테리아야. 우리 눈에 보이지 않는 아주 작은 미생물이지. 지구 최초의 생명체가 어떻게 생겨났는지는 아무도 몰라. 어떤 사람들은 우주에서 혜성을 타고 왔다고 생각해. 그 생각이 맞더라도 생명 탄생의 비밀이 모두 풀리는 것은 아니야. 혜성을 타고 온 미생물도 어디에선가 생겨나야 했을 테니까.

어떤 사람들은 옛날 공기에 있었다고 짐작되는 성분을 플라스크에 담아 번개 치는 기상 환경을 흉내 내서 전기를 흘려 생명체 비슷한 것이 만들어지는 과정을 재현하기도 했어. 하지만 생명이 이런 식으로 생겼다고 믿는 과학자는 없어.

대부분의 과학자들은 생명이 바다 깊숙한 곳에서 생겼다고 생각해. 큰 바다 밑바닥에는 땅속에서 뜨거운 열이 솟아나는 곳이 있어. 얼마나 뜨거운지 온도가 400도가 넘는 곳도 있지. 이런 곳에서는 생명이 살 수 없다고 생각했는데, 알고 보니 이 뜨거운 곳에 무수히 많은 생명체가 사는 거야. 그래서 과학자들은 생각했지. 아마도 지구 최초의 생명체는 이곳에서 태어났을 거라고. 맨 처음 생긴 생명체는 바다 밑 땅속에서 나오는 열

   주니어 대학

에너지를 이용해서 살았을 거야.

그러다가 그 가운데 일부가 햇빛이 비치는 바다 표면까지 올라왔어. 이 생명체들은 광합성을 하면서 산소를 만들었어. 20억 년 전에는 세포 안에서 에너지를 생산하는 세포들이 생겼고, 10억 년 전에는 암컷과 수컷이 생겨났으며, 약 5억 년 전에는 마침내 눈이 달린 생명체도 생겨났지. 사람은 언제 생겼느냐고? 풋, 인류는 약 700만 년 전에 탄생했어. 생명의 역사에서는 새내기인 셈이지.

진화학은 매우 중요한 학문이야. 주로 생물학과 지질학 분야에 속해 있지만 우주 생물학자들도 진화학을 많이 연구하지. 진화론은 경제학, 정치학, 심리학 등 많은 분야에 영향을 주고 있고 그 영향력도 점차 커지고 있어. 하지만 현재 우리나라에는 진화학자가 몇 사람 없어.

02

석탄은 왜 요즘에는
생기지 않아요?
—미생물학

나무가 먼저 생겼을까, 상어가 먼저 생겼을까? 왠지 상어보다는 나무가 먼저 생겼을 것 같지 않아? 상어는 복잡한 동물이고 나무는 단순한 식물이니까. 그런데 사실은 그렇지가 않아. 나무는 3억 5,000만 년 전쯤에 생겼는데 상어는 이미 4억 년 전에 바다를 지배했지.

3억 5,000만 년 전에 지구는 기온과 공기 중의 이산화탄소 농도가 매우 높았어. 식물이 자라기 좋은 환경이었지. 온도와 이산화탄소 농도가 높을수록 광합성을 하기가 좋거든. 광합성이 뭔지 알지? 식물 세포 안에 있는 엽록소가 빛을 이용하여 이산화탄소와 물을 가지고 양분을 만드는 과정 말이야. 물론 이때 우리가 숨 쉬는 산소도 만들어.

그때는 나무가 무럭무럭 아주 잘 자랐어. 산꼭대기에서 계곡까지 아름드리나무가 가득했지. 그런데 나무가 처음 생긴 지 얼마 안 된 때잖아. 그래서인지 나무는 크게 자랐지만 뿌리는 아직 잘 발달하지 못했어.

산꼭대기에서 나무가 쓰러지면 어떻게 되겠어? 아름드리나무가 뿌리째 뽑혀 쓰러지면서 아래쪽에 있는 나무들도 차례대로 쓰러뜨리게 돼. 그래서 뿌리 뽑힌 나무가 계곡에 가득했을 거야. 뿌리가 뽑힌 나무는 당연히 죽었겠지.

나무가 죽으면 어떻게 될까? 보통은 썩어. 그런데 3억 5,000만 년 전에는 나무가 썩지 못했어. 나무를 썩히는 박테리아가 없었기 때문이야. 죽었는데 썩지 못한 나무들이 오랜 시간 열과 압력을 받아 변해서 생겨난 게 바로 석탄이지. 과학자들은 이 시기를 석탄기라고 불러. 석탄은 석탄기에만 생겼거든. 왜냐하면 석탄기 이전에는 석탄이 될 나무가 없었고, 석탄기 이후에는 나무를 썩게 만드는 박테리아가 있었기 때문이지.

박테리아는 우리 눈에 보이지 않지만 지구를 지배하는 생명체야. 박테리아를 다루는 미생물학은 여러 가지 산업과 연관이 많아서 미생물학과 관련된 일자리가 많아. 하지만 미생물학을 공부하고 연구하는 사람 또한 엄청나게 많다는 것을 잊지 마.

공룡을 본 사람이 있을까요?
—고생물학

내가 태어나서 처음 본 영화는 「공룡 백만 년」이야. 사람들이 공룡에게 쫓기고 공룡을 사냥하기도 하는 장면이 나오는 무시무시한 영화지. 그런데 정말 이런 일이 있었을까?

공룡을 본 사람들은 많아. 그런데 우리가 본 공룡은 모두 화석으로 남은 것들이야. 뼈를 남긴 공룡, 발자국을 남긴 공룡이 있는가 하면, 똥을 남긴 공룡도 있지. 하지만 아직 살아 있는 공룡을 본 사람은 단 한 명도 없어. 왜냐하면 사람과 공룡은 다른 시대에 살았거든. 인류가 탄생한 때는 700만 년 전이라고 했잖아. 공룡이 멸종한 지 한참이 지난 다음이지. 공룡은 2억 4,500만 년 전부터 6,500만 년 전까지 살았어. 이 시대를 중생대라고 해. 중생대는 다시 트라이아스기, 쥐라기, 백악기로 나뉘어.

그런데 공룡은 왜 그렇게 몸집이 컸을까? 이런 것을 연구하는 사람을 고생물학자라고 해. 지구에 사람이 살기 전에 살았던 생물들을 연구하는 과학자이지. 고생물학자들은 체온을 유지하느라고 공룡의 몸집이 커진 거라고 생각해.

뱀, 거북, 악어, 카멜레온 같은 파충류는 변온 동물이라서 밤에 체온이 내려가면 몸을 제대로 가눌 수가 없어. 햇빛을 받고 몸이 따뜻해진 다음에야 활발하게 움직일 수 있지. 공룡도 파충류니까 주변 온도에 따라 밤에는 피가 차가워. 공룡이 잘 살려면 최대한 체온을 유지해야 했어. 체온은 피부를 통해서 잃어

버려. 그런데 몸의 부피가 크면 부피에 대한 피부 비율이 줄어들어 그만큼 체온을 적게 잃게 돼. 몸집을 키우면 키울수록 체온을 유지하기에 좋았던 거지. 그래서 많은 공룡들은 몸집이 아주 컸어. 그러면 작은 공룡들은 어떻게 체온을 유지했을까? 공룡들에게는 깃털이 있었어. 깃털은 체온을 유지시키고, 빨리 방향을 바꾸기 위해 속도를 줄이는 장치로도 쓰이고, 나중에는 뛰어내릴 때 낙하산 역할도 했지. 그러다가 공룡은 언젠가는 하늘을 날게 되었을 거야. 새는 모두 공룡의 후손이거든.

전 세계에서 공룡학자는 100명 정도밖에 안 돼. 네가 만약 공룡학자가 된다면 전 세계의 모든 공룡학자와 친구가 될 수도 있겠지.

왜 호모 사피엔스만
남았을까요?
—고인류학

원숭이가 사람이 되는 데 얼마나 오랜 시간이 걸릴까? 1만 년? 100만 년? 아니면 1억 년? 원숭이는 절대로 사람이 될 수 없어. 왜냐하면 원숭이가 사람의 조상이 아니니까. 인류가 침팬지에서 갈라졌다는 말은 침팬지와 인류가 공통 조상에서 갈라섰다는 것이지 침팬지에서 인류가 나왔다는 뜻이 아니야. 그 공통 조상은 침팬지도 아니고 인류도 아니야.

최초의 인류는 아프리카에서 탄생했어. 알려진 최초의 인류를 오스트랄로피테쿠스라고 불러. '남쪽 원숭 사람'이란 뜻이야. 아프리카의 남쪽에서 발견되었는데 원숭이하고 많이 닮은 사람이라는 뜻이지. 오스트랄로피테쿠스는 우리와는 많이 다른 사람이야. 이들에게서 호모 하빌리스(손 쓴 사람), 호모 에렉투스(곧 선 사람)가 생겨났어. 그리고 우리 호모 사피엔스(슬기로운 사람)가 태어났지.

그렇다면 최초의 호모 사피엔스는 누구일까? 150만 년 전에서 20만 년 전 사이의 어떤 사람일 거야. 너는 부모와 닮았고, 부모님은 그들의 부모님과 닮았지. 그 이전으로 올라가도 마찬가지야. 이렇게 수십만 년을 거슬러 올라가다 보면 우리와는 다른 인류에 도달하게 될 거야. 그사이에 "여기부터 호모 사피엔스야."라고 딱 잘라서 말할 수는 없지.

10만 년 전 호모 사피엔스가 아프리카를 탈출했어. 그때 아프리카 바깥에는 다른 인류가 살고 있었지. 그 가운데는 네안데르탈인도 있었어. 네안데르탈인은 호모 사피엔스보다 키는 조금 작았지만 힘이 엄청 셌고, 두뇌도 더 컸어. 그런데도 그들은 멸종했지.

고인류학자들은 네안데르탈인이 멸종한 이유를 질병과 사냥 기술 부족으로 꼽았어. 호모 사피엔스가 아프리카에서 가져온 질병에 적응하지 못했고, 언어와 도구가 덜 발달해서 사냥을 잘하지 못했기 때문이라는 거야. 결국 춥고 배고픈 빙하기를 견뎌 내지 못한 거지. 한편으로는 네안데르탈인이 멸종하지 않았다고 주장하는 사람들도 있어. 호모 사피엔스 유전자의 2~4퍼센트는 네안데르탈인에게서 온 것이거든.

주니어 대학

1만 가지나 되는 냄새를
구분한다고요?
—단백체학

맛은 혀에 있는 맛봉오리에서 느끼는 감각을 말해. 맛봉오리에는 다섯 가지 맛 수용체가 있어. 맛 수용체는 다른 수용체처럼 단백질로 되어 있지. 단맛을 내는 물질은 단맛 수용체에만 결합하고, 신맛을 내는 물질은 신맛 수용체에만 결합하지. 맛 수용체에 해당하는 맛 분자가 결합하면, 수용체의 구조가 변하면서 전기 신호를 뇌에 보내. 그 신호를 받은 뇌는 "음, 짠맛이 나는군!"이라고 생각하게 되지.

사람이 구분하는 맛은 총 다섯 가지야. 단맛, 짠맛, 신맛, 쓴맛 그리고 한 가지가 더 있지. 나머지 한 가지는 뭘까? 매운맛? 아니야. 매운맛은 맛 수용체가 느끼는 게 아니라, 통증 수용체가 느껴. 그러니까 매운맛은 맛이 아니라 통증인 셈이지. 생물학적으로 따져 보면 그렇다는 거야. 우리는 매운 떡볶이를 맛있게 먹잖아. 그러니까 생활 속에서는 매운맛도 어엿한 맛으로 인정할 수 있겠지.

생물학자가 말하는 다섯 번째 맛은 바로 감칠맛이야. 최근에야 알려진 맛이지. 멸치나 다시마 국물 맛이라고 생각하면 돼. 감칠맛은 다른 맛을 더 강하게 해 주는 효과가 있어. 감칠맛을 내기 위해 조미료를 사용하기도 하지.

사람이 맛 수용체로 구분하는 맛은 다섯 가지밖에 안 되는데, 냄새는 1만 가지나 돼. 그러면 냄새 수용체도 1만 가지나 있어야 할까? 수용체는 단백질이라고 했어. 단백질의 설계도는 유전자고. 그러면 냄새를 맡기 위해 1만 개의 유전자가 필요하겠지. 그런데 사람에게는 유전자가 2만 5천 개뿐이야. 2만 5천 개 유전자 가운데 코가 1만 개를 사용한다면 다른 데 쓸 게 없잖아.

과학자들은 이게 궁금했어. 유전자 가운데 거의 절반을 냄새 맡는 데 쓰는 게 정말일까? 아니었어. 알고 보니 냄새 수용체 유전자는 350개밖에 안 되거든. 350개의 냄새 수용체가 조합을 이뤄서 다른 냄새를 맡는다는 거지. 예를 들어서 어떤 분자가 1번과 3번 수용체와 결합해서 보내온 전기 신호를 뇌는 꽃 향기라고 느끼는데, 1번과 17번, 153번 수용체에 결합해서 보내온 전기 신호는 발 고린내로 느낀다는 식이지.

예전에는 유전자 한 개에서 단백질이 한 개 생긴다고 생각했어. 알고 보니 유전자들도 조합을 이뤄서 더 많은 단백질을 만드는 것이었어. 그래서 인간 유전자는 2만 5천 개뿐이지만 실제로는 10만 개 가까운 단백질이 만들어지지. 생명 활동의 핵심 작용을 하는 단백질을 연구하는 학문을 단백체학 또는 프로테오믹스라고 해. 1990년대 중반부터 시작된 새로운 학문이야. 현대 생물학 가운데 산업과 가장 많이 연결되는 분야지.

06

초파리와 애기장대가 가장 인기 있다고요?
—유전학

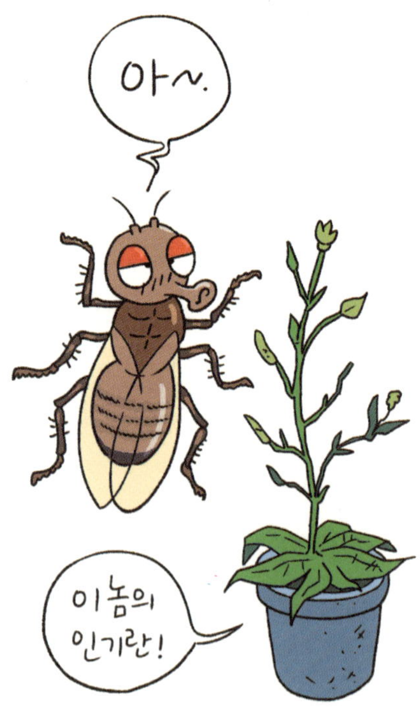

우리가 부모님을 골고루 닮은 이유는 엄마와 아빠 양쪽으로 부터 유전자를 물려받았기 때문이야. 요즘 이런 사실을 모르는 사람은 없어. 그런데 말이야 이런 사실을 알게 된 지는 불과 150년 정도밖에 안 돼. 유전 현상을 연구하는 학문인 '유전학'이란 이름은 1905년에야 생겼어. 그리고 유전자가 어떻게 생겼는지 알게 된 것은 50년밖에 안 되는 일이고. 유전학이 최근 몇 십 년 동안에 엄청나게 발전하다 보니 요즘 사람들은 생명 과학이라고 하면 모두 유전학을 떠올릴 정도지.

유전학은 생물의 난자와 정자가 어떻게 수정되고 수정란에서 어떻게 개체로 성장하는지, 그리고 생명의 진화에서 유전자가 어떤 역할을 했는지를 밝히는 학문이었어. 그런데 요즘은 DNA를 가위로 오렸다가 풀로 붙여서 새로운 DNA로 만들어서 우리가 원하는 단백질을 만드는 일도 하지. 여기서 말하는 가위와 풀은 단백질 효소를 말해. 세포 안에서 일어나는 모든 일은 단백질 효소가 하거든.

유전학은 유전을 연구하는 학문이니까 세대와 세대 사이에서 일어나는 유전 현상을 지켜봐야 하잖아. 그런데 사람은 한 세대가 20년도 넘어. 또 사람에게 함부로 실험할 수도 없고. 그래서 과학자들은 한 세대가 짧은 생물을 연구 대상으로 삼아. 이왕이면 먹이도 조금 먹으면 연구하기에 좋겠지? 그래서 초파리를 유전 실험에 가장 많이 사용해. 초파리는 몸집이 작아서 줍은 실험실에서도 많이 키울 수 있고, 조금만 먹고도 잘 자라. 게다가 돌연변이도 잘 일어나고, 염색체 수는 적고 크기는 커서 염색체 지도를 작성하기도 좋거든. 식물 유전학을 연구하는 데는 애기장대를 많이 사용해.

유전학자들은 초파리의 행동을 연구하기도 해. 초파리의 행동에 영향을 끼치는 유전자를 발견하면 사람의 행동도 연구할 수 있기 때문이야. 유전학이 발전하면서 농학과 약학이 함께 발전하고 있어.

주니어 대학

07

왜 분류가 필요할까요?
—분류학

1732년 스웨덴의 식물학자 칼 폰 린네는 스칸디나비아 북부 지방을 반년 동안 여행했어. 그는 여행하는 내내 많은 식물과 새 그리고 돌을 모으고 관찰했지. 여행 중 그전에는 알려지지 않았던 100가지 식물을 발견했어. 또 이때 길에서 발견한 말의 아래턱을 살피던 중에 린네는 "동물 이빨의 종류와 개수, 젖꼭지의 개수와 위치만 알면 나는 모든 네발짐승을 완벽하게 분류할 수 있을 것 같아."라고 얘기했대. 나중에 린네는 '종-속-과-목-강-문-계'라는 생물 분류 체계를 만들었어.

분류학은 지구에 살고 있는 모든 생물을 계통에 따라서 정리하는 학문이야. 왜 분류가 필요할까? 지구에 살고 있는 생물이 엄청나게 많기 때문이야. 너무 많다 보니까 생물 사이에 아무런 질서가 없어 보이지만 사실은 어떤 공통점이 있어. 그런 공통점을 찾아서 생물들 사이의 체계를 파악해 나누면 우리에게 이점이 있기 때문에 분류를 하는 거야.

예를 들어 우리가 먹을 수 있는 버섯과 독버섯을 나누는 것도 분류야. 이런 것을 인위 분류라고 해. 오로지 사람들의 관점에 따라서만 나눈 것이지. 동물은 크게 우리 인간처럼 등뼈가 있는 척추동물과 오징어처럼 등뼈가 없는 무척추동물로 나눌 수 있어. 이것은 생물의 자연적인 특성을 기준으로 나눈 거야. 이런 분류를 자연 분류라고 하지.

주니어 대학

분류학에서 하는 분류는 인위 분류가 아니라 자연 분류를 말해. 생물 분류학의 목적은 생물 사이에 어떤 관계가 있는가, 그러니까 진화의 경로에서 가까이 있는지 멀리 떨어져 있는지를 밝혀서 생물의 계통을 정하는 거야.

수십 년 전까지만 해도 생물은 형태적 특징, 그러니까 어떻게 생겼는지에 따라서 분류했어. 요즘은 형태적 특징 외에도 생태, 유전, 발생 같은 특징을 분류의 기준으로 삼지. 유전학이 발전하면서 분류학의 방법도 바뀌게 된 거야.

그런데 요즘엔 분류학을 배울 수 있는 곳이 많지 않아. 대학의 생물학과 교수님들은 거의 미생물학, 분자 생물학, 단백체학, 유전학, 생리학을 연구하신 분들이거든. 하지만 여전히 분류학자는 많이 필요해. 생물 자원관, 생태원, 자연사 박물관 같은 곳에 일자리도 많은 편이야. 특히 생태계를 보존하고 새로운 생태계를 설계하고 싶다면 분류학은 필수로 알아야 한다고 할 수 있어.

GM 식품을 먹어도 될까요?
—식품 공학

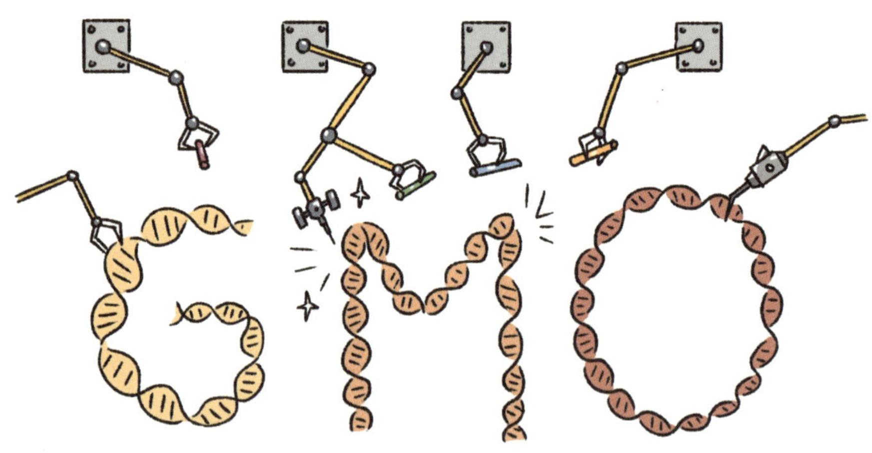

내가 대학에 다니던 1980년대만 해도 식품을 연구하려면 공과 대학의 식품 공학과나 가정 대학의 식생활학과 같은 곳에 가야 했어. 그런데 요즘은 식품에 관한 연구도 생명 과학 대학에서 많이 해. 이것도 유전학의 발전 때문이지.

GMO라고 들어 봤을 거야. GMO는 '유전자 재조합 생물체'라는 뜻이야. '유전자 조작 생물체' 또는 '유전자 변형 생물체'라고도 해. 뭐라고 부르든 상관없어. 다 같은 뜻이니까. 생물학자들이 GMO를 만드는 이유는 식량을 많이 생산하고 싶기 때문이야. 곡물이 많이 열리고, 병충해에 잘 견디고, 또 농부들이 뿌리는 제초제에도 살아남는 생물체를 만드는 것이지.

그런데 사람들은 GMO가 들어 있는 GM(유전자 재조합) 식품을 먹어도 괜찮은지 걱정해. 요즘은 조금 줄었지만 처음에는 GM 식품을 먹으면 안 된다고 주장하는 사람들이 대부분이었어. GMO는 원래 자연에 있던 것이 아니니까, 혹시 무슨 일이 생길지도 모른다는 생각이지. GM 식품이 아니어도 먹을 것이 많은데 굳이 그걸 먹어야 하느냐고 생각하기도 해. 둘 다 맞는 말이야.

한편으로는 GM 식품이 아무런 문제도 없다고 주장하는 과학자들도 많지. 그들의 논리는 간단해. 이미 우리는 오랫동안 GM 식품을 먹어 왔는데 아무런 문제도 없었다는 거야. 1994년부터 미국에서 GM 토마토가 팔렸으니까 벌써 20년이 되었어. 물론 우리도 GM 식품을 먹고 있지. 우리나라에서는 GM 작물을 생산하지는 않지만 수입하고 있어. 연간 콩 소비량의 93퍼센트를 수입해. 옥수수도 99퍼센트를 수입하고. 이렇게 수입한 콩과 옥수수는 대부분 동물 사료로 쓰이지만 우리가 먹는 콩과 옥수수 가운데에서도 많은 양이 GM 콩과 GM 옥수수야.

지금까지의 결과를 보면 GM 식품이 우리 건강에 크게 위험하지는 않은 듯해. 하지만 GM 식품으로 세계의 가난과 굶주림을 해결할 수는 없을 것 같아. 오히려 부자 나라에서 생산되는 값싼 GM 식품 때문에 가난한 나라의 농민이 고통을 당하게 될 거야.

유전자 조작은 식물에만 일어나는 게 아냐. 거미줄을 생산하는 염소, 시금치 유전자를 생산하는 돼지, 사람의 젖과 비슷한 우유를 생산하는 젖소, 자외선을 쬐면 반짝이는 애완동물까지 다양한 분야에서 이뤄지고 있어.

유전자 조작을 해서 만드는 식물과 동물에 대해 너는 어떻게 생각해?

우주에는 우리뿐일까요?
—빅 히스토리와 우주 생물학

우주는 138억 년 전에 빅뱅으로 시작했어. 시간도 없고 공간도 없을 때 한 개의 점이 펑 하고 터져서 우주가 생긴 것이지. 빅뱅으로 시작한 우주의 역사를 하루 즉 24시간이라고 한다면, 인류는 24시간 가운데 23시 59분 59초에 태어났어. 우리가 배우는 역사란 이 마지막 1초에 대해 배우는 것이지.

시간 전체에 대해 연구하는 역사학도 있어. 그것을 빅 히스토리(Big History)라고 해. 우리말로 '거대사'라고도 하는 빅 히스토리는 138억 년 전의 빅뱅부터 인류의 현재와 미래까지 살피는 거대한 학문이지.

무슨 말인지 잘 모르겠다고? 그러면 빅 히스토리에서 연구하는 질문 몇 가지를 예로 들어 볼게. 우주는 어떻게 탄생했을까? 우주의 나이는 몇 살일까? 태양과 지구는 어떻게 생겨났을까? 생명은 어떻게 시작했을까? 암컷과 수컷은 언제부터 있었지? 넓고 넓은 우주에는 우리 말고 외계 생명체가 있을까? 만약에 있다면 우리처럼 문명을 발달시킨 똑똑한 생명체도 있을까?

빅 히스토리는 우주 생물학과 통하는 학문이야. 우주 생물학이란 우주의 생물을 연구하는 학문이지. 외계 생명체와 교신하기 위해서 이미 1977년에 무인 우주 탐사선 보이저 1호와 2호를 우주로 쏘아 보냈어. 이 우주선들은 지금은 태양계를 벗어나고 있지. 또 화성에는 큐리오시티 같은 탐사 로봇을 보내서 생

 주니어 대학

명체를 찾고 있고. 그러니까 우주 생물학은 천체 물리학, 우주 공학, 생물학이 협력하여 만들어진 학문이라고 할 수 있지.

우주 생물학자들이 우주에서만 연구하는 것은 아냐. 사실 우주에서 하는 연구는 극히 드물어. 보통은 지구에서 하지. 생명이 어디에서 어떻게 생겨났는지 연구하기에는 지구가 제일 좋거든. 왜냐하면 여기에는 확실히 생명체가 사니까 말이야.

대양 한가운데 있는 열수 분출공, 깊은 땅속의 암석, 남극의 오래된 빙산, 그리고 모든 것을 녹여 버릴 것 같은 강한 산성을 띤 호수 같은 곳에서 생명체를 찾고 있어. 우주 생물학의 발달로 우리 생명체의 기원이 조금씩 밝혀지는 셈이지.

10

창조 과학도
과학일까요?
―사이비 과학

나는 B형 남자야. 인정이 많아서 눈물도 잘 흘리고 다른 사람을 배려할 줄 알지만, 여자를 사귈 때 충동적이고 집착이 강하대. 흔히 말하는 혈액형으로 본 성격 이야기야. 혈액형은 A, B, AB, O형 네 가지니까 남자 네 명 가운데 한 명은 이런 성격이라는 거야. 이게 말이 되니? 괜히 혈액형 이야기를 하니까 왠지 과학적인 것 같지만 과학과는 아무런 상관도 없는 이야기지.

이 세상에는 과학의 탈을 쓰고 있지만 과학과는 아무런 상관이 없을뿐더러 오히려 과학에 반대되는 것들도 많아. 이런 것을 '유사 과학' 또는 '사이비 과학'이라고 해. 사이비 과학은 우리 주변에 의외로 많아. 수맥 찾기, 버뮤다 삼각 지대, 바이오리듬, 공중 부양, 염력, 초능력, 심령술, UFO, 식물의 감정, 물은 답을 알고 있다, 투시, 피라미드의 힘, 흉가, 점성술 같은 거야.

이런 것들이 사이비 과학인지 어떻게 아느냐고? 증거나 논리성이 없으면서도 과학인 척하는 것은 모두 사이비 과학이야. 예를 들어, 외계인이 광선을 쏘아서 수천 명의 사람들을 우주선으로 잡아갔다는 외계인 납치 주장은 사이비 과학이야. 외계인에게 잡혀갔다가 돌아왔다는 증거가 없으니까. 게다가 그 우주선을 목격했다고 주장하는 사람은 있지만 자기 가족이 실종되었다고 신고한 사람은 없거든.

창조 과학도 대표적인 사이비 과학이야. 창조 과학의 근거는

'성서'야. 그런데 창조 과학자들은 성서는 의심해서는 안 되고 글자 그대로 믿어야 한다고 주장하지. 믿는 것은 과학이 아니야. 신앙이지. 과학이란 '의심'을 품는 것에서 시작해. 의심을 품는다는 것은 과연 그 주장이 타당한지 살피는 것을 말해. 관찰과 실험을 통해서 주장이 옳은지 검사할 수 있는 증거를 내놓는 학문이 바로 과학이야. 과학이란 한마디로 말하면 '의심'하는 것이야.